《成都市优质桃栽培新技术》
编审委员会

成都市优质桃
栽培新技术

余国清　王　强／主编

CHENGDUSHI YOUZHITAO
ZAIPEI XINJISHU

四川大学出版社
SICHUAN UNIVERSITY PRESS

项目策划：李思莹
责任编辑：王　睿
责任校对：胡晓燕
封面设计：墨创文化
责任印制：王　炜

图书在版编目（CIP）数据

成都市优质桃栽培新技术 / 余国清，王强主编．—
成都：四川大学出版社，2021.6
　ISBN 978-7-5690-4793-6

　Ⅰ．①成… Ⅱ．①余… ②王… Ⅲ．①桃—果树园艺
Ⅳ．① S662.1

　中国版本图书馆 CIP 数据核字（2021）第 125920 号

书名	成都市优质桃栽培新技术
主　　编	余国清　王　强
出　　版	四川大学出版社
地　　址	成都市一环路南一段 24 号（610065）
发　　行	四川大学出版社
书　　号	ISBN 978-7-5690-4793-6
印前制作	四川胜翔数码印务设计有限公司
印　　刷	成都市新都华兴印务有限公司
成品尺寸	170mm×240mm
插　　页	8
印　　张	10.25
字　　数	204 千字
版　　次	2021 年 7 月第 1 版
印　　次	2021 年 7 月第 1 次印刷
定　　价	45.00 元

◆ 读者邮购本书，请与本社发行科联系。
　电话：(028)85408408/(028)85401670/
　(028)86408023　邮政编码：610065
◆ 本社图书如有印装质量问题，请寄回出版社调换。
◆ 网址：http://press.scu.edu.cn

四川大学出版社
微信公众号

▲ 彩图2 春蜜

▲ 彩图1 紫玉

▲ 彩图3 99-10-2

▲ 彩图5 早春

▲ 彩图4 千姬

▲ 彩图6 春美

▲ 彩图7 红玉

▲ 彩图8 胭脂脆桃

▲ 彩图9 松森

▲ 彩图10 早脆

▲ 彩图11 早香玉（北京27号）

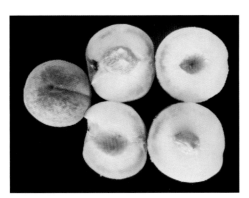

▲ 彩图12 庆丰（北京26号）

▲ 彩图13 北京25号

▲ 彩图14 白凤

▲ 彩图15 霞脆

▲ 彩图16 湖景蜜露

▲ 彩图17 霞辉6号

▲ 彩图18 大久保

▲ 彩图19 霞辉8号

▲ 彩图20 皮球桃

▲ 彩图21 晚湖景

▲ 彩图22 京艳（北京24号）

▲ 彩图23 晚白桃

▲ 彩图25　中油4号

▲ 彩图24　中油5号

▲ 彩图26　金辉

▲ 彩图27　曙光

▲ 彩图28 玫瑰红

▲ 彩图30 霞光

▲ 彩图29 双喜红

▲ 彩图31 郑3-18

▲ 彩图32 早黄玉

▲ 彩图33 锦香

▲ 彩图34 千丸

▲ 彩图35 锦绣

▲ 彩图36 锦园

▲ 彩图37 桃褐腐病危害幼果状

▲ 彩图38 桃褐腐病危害叶片状

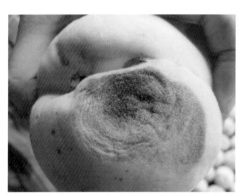

▲ 彩图39 桃炭疽病危害成熟果实状

▲ 彩图40 桃炭疽病危害叶片状

▲ 彩图41 桃疮痂病危害果实状

▲ 彩图42 桃缩叶病危害叶片状

▲ 彩图43 桃穿孔病危害叶片状

▲ 彩图44 桃主干流胶病

▲ 彩图45 桃根瘤病危害状

▲ 彩图46 桃褐锈病危害叶片状

▲ 彩图47 梨小食心虫危害嫩梢状

▲ 彩图48 梨小食心虫幼虫

▲ 彩图49　桃蛀螟蛀果幼虫

▲ 彩图50　桃蛀螟成虫

▲ 彩图51　桃潜叶蛾危害叶片状

▲ 彩图52　白色潜叶蛾成虫

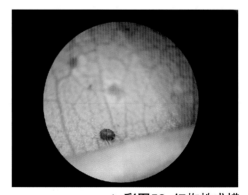

▲ 彩图53　红蜘蛛成螨

▲ 彩图54 红蜘蛛危害叶片状

▲ 彩图55 蚜虫危害叶片状

▲ 彩图56 桃蚜

▲ 彩图58 红颈天牛成虫

▲ 彩图57 桃红颈天牛幼虫危害主干状

▲ 彩图59 蚧壳虫成虫

▲ 彩图60 叶片黄化

▲ 彩图61 油桃裂果

▲ 彩图62 裂果和裂核现象

▲ 彩图63 软沟现象

▲ 彩图64 枯花现象

前　言

　　桃树是世界上分布最广的古老树种之一，广泛分布于世界 70 多个国家，已有 4000 多年的栽培历史。桃果外观艳丽，味道甜美，香气宜人，营养丰富，倍受广大消费者喜爱。桃树树态优美，可以美化环境；桃花花色艳丽，具备极高的观赏价值。

　　成都市桃种植历史悠久，栽培品种繁多，具有早熟优势明显、品质优良的特点。以龙泉驿区为中心，沿龙泉山脉向南北延伸，国内罕见连绵 30 余公里的水蜜桃种植带，是全国三大水蜜桃生产基地之一。目前，成都市范围内种植的桃有普通桃、油桃、黄桃等，具有口感好、甜度高、香味浓、色泽艳等特点，加之成都市早春温度回升早的独特气候优势，桃树萌芽开花早，相同品种成熟期比我国东部桃产区提前 15 天左右，比北方桃产区提前 25 天以上，具有上市早的竞争优势。桃产业已成为成都东部区县的优势特色产业，引领着四川其他地区桃产业的发展。

　　桃果不仅能为农民带来丰厚收益，桃花也能带动农村经济的发展。多年来，按照"以花为媒、广交朋友、促进开发、繁荣经济"的办会宗旨，成都国际桃花节的举办规模越来越大，品牌越来越响，知名度越来越高，每年都能吸引国内外众多游客来蓉赏桃花。桃花节不仅带动了观光农业的发展，促进了果农增收，还推动着其他产业的发展，有力地助推了当地社会经济的发展。

　　随着人们生活水平的提高，消费者对桃果外观、口感风味、营养价值及安全品质等方面的要求越来越高。同时，随着社会科技进步，生产力和生产关系也发生了较大变化，故栽培模式和生产技术也需要变革。为帮助广大的种植户增收致富、迎合市场消费需求，特编写此书。该书重点介绍了成都市桃产业发展情况、品种选择、育苗、建园、土肥水管理、整形修剪、花果管理、病虫害防治、采收包装等方面的内容，希望能为种植户栽培管理桃树提供帮助。

该书由成都市农业技术推广总站组织编写，在此过程中得到了四川省农业科学院园艺研究所，龙泉驿区、简阳市等相关部门和多位专家、技术人员的支持，在此一并致谢。限于编写时间和编者水平，书中难免有疏漏和不足，敬请广大读者将发现的问题和建议及时告知我们，以便进一步修改和完善，使其对促进现代桃产业的发展起到积极作用。

编　者
2021 年 3 月

目　录

第一章　成都市桃产业概述

第一节　成都市的地理位置

成都市是四川省省会，为国家中心城市之一。成都市地处四川盆地西部、青藏高原东缘，东北与德阳市、东南与资阳市毗邻，南面与眉山市相连，西南与雅安市、西北与阿坝藏族羌族自治州接壤；地理位置介于东经 102°54′~104°53′ 和北纬 30°05′~31°26′ 之间。2019 年，全市土地面积为 14335 m^2。截至 2020 年，全市共辖 12 区、5 市（县级市）、3 县共 20 个县级行政单位。

第二节　成都市桃产业现状

成都市种植桃的历史悠久，据史料记载，明崇祯年间成都市龙泉山就开始种植水蜜桃，距今已有约 400 年历史。清末，开始种植红花桃、白花桃品种，距今已约 200 年历史。1934 年，龙泉驿山泉镇开始进行桃的商业化种植，随后大邑县、崇州市、金堂县等开始引进。经过多次、大规模的发展，形成了以龙泉驿为中心，沿龙泉山脉向南北延伸，国内罕见连绵 30 余公里的水蜜桃种植带，成为全国三大水蜜桃生产基地之一。

目前，桃产业已是成都市第二大水果产业，核心种植区（市）县以龙泉驿区、金堂县、青白江区、东部新区、天府新区及简阳市为主，其余区（市）县均有零星种植。据成都市农业农村局统计，2018 年成都市栽培桃树近 30 万亩[①]，产量近 27.8 万吨，产值约为 11.6 亿元。其中，简阳市（含东部新区）约为 12.6 万亩、金堂县约为 5.9 万亩、龙泉驿区约为 5.3 万亩、青白江区约

---

① 1 亩约为 666.667 m^2。

为4.5万亩，占全市桃种植面积的96.3%。桃产业已发展成为成都东部区（市）县的优势特色产业，引领着四川及西南地区桃产业的发展。

桃果为农民带来丰厚收益，桃花带动农村经济的发展。多年来，按照"以花为媒、广交朋友、促进开发、繁荣经济"的办会宗旨，成都国际桃花节规模越来越大，品牌越来越响，知名度越来越高。每年以赏桃花为核心的国际桃花节，不仅备受四川及周边省市人民喜爱，还会吸引美国、日本、韩国、新加坡等国外游客包机前来赏花。桃花节不仅带动了观光农业的发展，促进了果农增收，而且已成为产业发展、经济贸易、文化交流、招商引资的平台，有力地助推了社会经济的发展。

第三节　自然生态条件

成都市地处亚热带季风气候区，而成都市的桃核心种植区域在龙泉山脉一带，具有热量充足、雨量丰富、四季分明、雨热同期的特点。

一、温度

龙泉山脉地带历年平均气温为16.5℃，最冷1月平均气温为5.8℃，极端最低气温为−4.6℃，最热7月平均气温为25.6℃，极端最高气温为37.5℃，年平均气温比同纬度地区高0.3℃～0.4℃，冬季气温比同纬度地区高2.1℃～2.7℃，夏季比同纬度地区气温低。由于春季气温回升早，桃树萌芽抽枝早，进入休眠晚，年生长量大，幼树定植当年可成形，结果期树在果实采收后恢复树势的时间长，利于翌年丰产。桃树开花期一般在3月上中旬，开花期和果实成熟期比我国东部桃产区提前15天左右，比北方桃产区提前25天以上，具有上市早的竞争优势。

二、光照

龙泉山脉地带年均日照时数在1200 h以上，比同纬度的长江中下游地区少600～800 h；太阳辐射能为80～90 kcal/cm^2，属全国日照低值区之一。但是在桃生长发育期，尤其是早熟桃品质形成的4—6月关键期，则以晴天为主，能够满足桃果发育对光照的需求。区域内冬季寡照比较明显，但此时桃树已进入休眠期，光照的多寡对桃树生长发育影响较小。与北方产区相比，龙泉山脉的紫外线强度较弱，适宜桃果颜色发育。这里结出的桃果色嫩、色艳，一般白里透红，不易出现北方产区果面"红得发紫"的现象，在市场上更具竞争力。

三、水分

龙泉山脉年降水量在 900 mm 左右，年平均蒸发量在 1100 mm 左右。在 3 月桃树花期，发生连续阴雨天气的概率低，降雨少，有利于坐果。多年的生产实践也证明，在龙泉山脉还没有出现过因花期低温阴雨导致桃果大幅度减产或绝收的情况。在早熟桃果实品质发育的 3—6 月，降雨少有利于生产含糖量高的优质果。7—9 月的降雨量大，尤其在 7 月，该区域处在副热带高压西部边缘的外围，同时受到来自印度洋的西南季风影响，暴雨相对集中。"巴山夜雨涨秋池"，四川秋雨多、夜雨多，7 月开始的雨季不利于果实品质的发育，但是能促进桃树生长，快速恢复采果后的树势。

四、土壤

龙泉山脉主要的土壤类型是由紫红色砂岩、页岩风化的石灰性紫色土，呈中性或微碱性，有机质含量低。由于紫色土母岩疏松，易于崩解，整体矿质养分含量丰富，具有富钾、缺氮、少磷的特点，加之桃树需钾较多，因此，在富含钾素的紫色土上生产的桃果具有个大、含糖量高、色泽好、品质佳的特点。

五、地形

龙泉山脉是成都平原与川中丘陵的界山，其地貌形态是在成都凹陷基础上发育起来的，整个地区地势东高西低。其倾角小于 10°，境内地形多样，有低山、中山、浅丘、深丘、台地，以低山为主，丘陵次之。浅丘相对高度为 50~100 m，坡度多为 5°~25° 之间。龙泉山脉呈南偏西向北偏东走向，由于纬度较低，山脉东坡和西坡的光照时间长短差异不大，光照条件好，所以在坡度较小、地势相对平缓、高燥向阳地带种植的桃树往往生长发育良好，易于操作管理。

六、海拔

龙泉山脉一般海拔在 1000 m 以下，最高海拔为 1051 m，比成都平原高 500 m 左右，从山脚到山顶的相对高度为 100~500 m，同一品种在低海拔和高海拔的成熟期相差 7 天左右，具有错时上市的时序优势，可以通过品种的立体布局调节桃果的成熟上市期，为延长供应期、减轻销售压力服务。

七、风

龙泉驿区年平均风速约为 1 m/s，风向多为偏北风，无台风发生。境内强对流天气主要导致雷雨大风、冰雹、局部强降雨等，但是发生频率低，危害不大，有利于桃产业的持续发展。

八、环境和植被情况

龙泉山脉境内自然环境优美，远离工业、生活污染源，空气质量达到国家一级标准，水源洁净，土壤无有害物质污染，生产环境符合安全产地环境要求，是发展安全农产品得天独厚的场所，有利于提高农产品的质量安全。

龙泉山脉林木葱郁，经济作物以桃、枇杷、梨、葡萄、李、枣等果树作物为主，植被覆盖率高，达到了 90%，森林覆盖率达到 64%，基本实现了山川秀美、生态平衡，实为桃产业的发展绝佳地带。

第四节　限制成都市桃产业发展的
主要生态因子及克服措施

一、冬季低温不足

成都地区有些年份冬季气温偏高，部分品种的低温需求量不能得到满足，如大久保品种遇上暖冬会发生枯花、枯芽、春季开花不整齐的现象。生产上应注意选择低需冷量的品种。

二、干旱

在成都龙泉山脉地区，常年会有冬干春旱的情况，更有甚者还会出现冬干春旱加夏伏旱，导致灌溉条件差、水源缺乏的桃园减产，降低果实大小，影响种桃收入。应加强桃园水利、防洪等基础设施建设，逐步改善桃产业生产环境。生产上宜采用工程节水和农艺节水相结合的办法，提高抗旱保收能力。

三、再植障碍

成都种桃的历史悠久，部分桃园亟须更新，但是重茬桃树生长弱，病害多，果实小，甚至出现死树。如果必须使用老桃园建新园，应采用客土，多施有机肥，栽植大苗，注意苗木及土壤消毒，选用抗重茬砧木（如 GF677 等），能有效克服再植障碍。

四、土壤偏碱，叶片黄化

龙泉山脉主要是紫色碱性土壤，在碱性土上，桃树易出现缺素黄化的现象，有的果园发病率在 35％以上，致使果实品质、产量均下降。生产上应采用增施有机肥、铁肥及酸性肥，利用硫黄粉调节土壤酸碱度，使用抗性砧木（如 GF677 等）等措施加以克服。

第二章　桃生物学特性及对环境条件的要求

第一节　桃生物学特性

了解桃根、茎、叶、花、果实等器官的生长发育特性，是制定合理的栽培技术措施和实现丰产、稳产、高效栽培的基础。

一、根系的生长特性

（一）根系的组成和作用

桃树的根系由主根、侧根和须根组成，是生长在地下的营养器官。其主要有三个方面的作用：一是具有固定树体的作用；二是具有吸收、储存、运输土壤中水分的作用；三是具有吸收土壤中养分的作用，并将无机养分合成为有机养分，供植株生长发育。

（二）根系的生长特性

1. 根系分布浅，水平根较发达

桃树属于浅根系果树，根系比其他落叶果树（如苹果、梨等）分布浅，一般分布在土层 20～50 cm 的范围内；水平根的分布较发达，分布的范围约为冠径的两倍，主要集中分布在树冠外围附近。

桃树的根系对水分反应敏感。在土壤黏重、地下水位较高的桃园，根系主要分布在 10～30 cm 的土层中；在土壤疏松、土层深厚、地下水位低的桃园，根系主要分布在 20～60 cm 的土层中，一般 100 cm 以下土层中根系分布较少；若在通气良好的土壤中，桃树的根系特别发达，即使在 1 m 以下深土层中，只要通气良好，仍然可以生长。在生产上，施肥宜施在 20～40 cm 深的土层

中，施肥施在此区间根系能更快地吸收和利用养分，浅施则易引起根系上浮。

2. 根系生长时间长

在年生长周期中，根系和其他器官相比较，开始活动最早，其停止生长也最晚。处于地下部的根系没有明显的休眠期，只要土温、湿度、通气、营养等条件适宜，根系全年都可以生长。桃树的根系生长活动在一年内有两个高峰时期。根尖的生长开始于花前3~4周，而花后一个月之内，根系的生长强度达最高峰。6月地温超过30℃时根系进入夏季休眠并停止生长。秋季（9月中下旬后）地温下降到20℃左右时，根系进入第二次生长高峰，同时也是根系加粗生长的主要时期。

3. 根系生长需氧量高

桃树根系呼吸旺盛，在吸收水分和养分的过程中要比其他果树消耗更多的氧，根系的正常生长要求土壤中空气含量达10%以上，新根的生长要求土壤空气含量在5%以上，如土壤空气含量在2%以下则根系显著变小而枯死。另外，在缺氧情况下，土壤中产生的还原性氧化物也会使桃根受害。

4. 根系的耐水性极弱

桃树根系耐水性极弱，是落叶果树中最不耐涝的树种之一。排水不良、含氧不足的土壤，会使根呼吸受阻，易变黑腐烂，从而影响植株生长。积水1~2天即可引起落叶，超过4天会引起植株死亡。因此，桃树适宜种在通透性好的沙性土壤中。成都地区7—9月雨水较多，要及时排水并做到雨停沟干，果园土壤不积水。

（三）影响根系生长的主要因子

土壤的温度、水分、通气状况、无机营养元素含量及树体储存有机营养的多少，均是影响根系生长的重要因子。

1. 土壤温度

当土壤温度在0℃以上时，桃树根系就能顺利地吸收并同化氮素。土壤温度上升到4℃时根系开始活动，5℃时开始发生新根，早于地上部分。在7.2℃以上时可向地上部分运送营养物质，15℃~25℃时生长最为旺盛，26℃~30℃时逐渐停止生长。当土温下降至10℃左右时根系停止生长，进入休眠期。

栽培时可通过浅耕松土、增施有机肥料等措施，在早春时提高土温，使根系早日开始活动，生发新根；特别是土温适宜的秋季，合理施用有机肥可以培养大量新生须根，形成庞大吸收根群，为树体健壮生长奠定基础。

2. 土壤水分

当土壤水分含量为田间最大持水量的 60%～80% 时，最适于桃树根系的生长。当土壤水分减少到一定程度时，即使其他条件全部具备，根系也不能生长甚至死亡。土壤干旱，首先引起根的木栓化，接着叶片夺取根的水分，使根停止吸收和生长，造成细根的死亡。

土壤水分过多时，会引起通气不良和供氧不足，也不利于根系的生长。根系在缺氧情况下，不能进行正常的呼吸作用，加之根系代谢的产物二氧化碳及其他有害气体在周围积聚，当它们达到一定浓度时便会引起根系的中毒甚至死亡。

3. 土壤空气

土壤通气状况良好、根系的密度大、吸收根数量多，生长就快。通气状况不良、缺氧、根系呼吸作用受阻，吸收功能受到影响，生长也就减弱以至停止。

4. 土壤营养

土壤中无机营养元素含量高表示土壤肥沃。肥沃的土壤中，桃树根系发达，吸收根多，活动时间也长。这是由于氮、磷、钾、钙、铁、镁等营养元素是叶片光合作用制造有机养分不可缺少的成分，叶片光合同化能力增强了，供应根系及树体其他各部位的有机养分就增多，根系的生长发育也就能顺利进行。

5. 树体的有机营养

根系的活动和生长要依靠地上部分供给充足的有机营养。当结果过多或叶片受到损害时，有机营养供应不足，根系的生长就会受到明显抑制。这时，仅增施肥料是难以改善根系的生长状况的，必须采取疏果、保叶等措施以改善有机营养供应，才能促进根的生长。

二、芽与叶的生长特性

（一）芽的生长特性

桃树的芽由枝条顶端或叶腋处的芽原基分化而成，可根据芽的着生部位和数量、形态特征和功能，将芽分成多种类型。

1. 按芽的着生部位和数量分类

桃树的芽着生于枝条顶端的为顶芽，着生于叶腋处的为腋芽。枝条上，一个节上仅仅着生一个叶芽或花芽称为单芽，一个节上着生两个以上的芽称为复芽。

2. 按芽的形态特征和功能分类

按芽的形态特征和功能，可将桃树的芽分为叶芽和花芽。

（1）叶芽。

叶芽着生在枝条的顶端或叶腋处，枝条顶端均为叶芽。叶芽体瘦小且较尖，呈楔形或三角形，只能抽发枝条，不能开花结果。

（2）花芽。

花芽着生在枝条的叶腋部，较饱满呈椭圆形。花芽为纯花芽，只开花结果，不能抽生枝条。在同一节位上，花芽单独存在时，称为单花芽；花芽与叶芽同时并存，称为复花芽。从外观上看，复花芽是多个芽着生在同一节上，但从解剖学上看，其实际上是一个缩短的二次枝。因此在修剪时，剪口芽不能留单花芽，否则就没有枝叶抽出。

不同品种间、不同类型枝条上，花芽着生情况不同。北方品种群中的蜜桃系、硬桃系与南方品种群中的硬桃系的花芽多为单花芽，且花芽着生的节位也高；而蟠桃和南方品种群中的水蜜桃系品种多为复花芽，花芽着生的节位也低。

短果枝、花束状果枝除顶芽外几乎全部以单花芽为主，有时也有复花芽；长果枝基部多为发育不良的盲芽式叶芽，至中部复花芽最多，先端部分可为单芽或盲芽，因此中上部花芽质量最好，也是留果的关键部位。

另外，花芽形成数量及花芽类型与土壤肥力、栽培技术密切相关。如果土壤肥力高，有机质含量多，则花芽形成的数量多；反之，在多施氮素化肥的情况下，花芽形成数量就少。又如，施用多效唑可以促进花芽的形成，使复花芽的比例增高。

3. 按芽的生长特性分类

按芽的生长特性，可将桃树的芽分为早熟芽、不定芽、潜伏芽和盲芽。

（1）早熟芽。

桃树的芽具有早熟性，当年萌发的芽称为早熟芽。当年可萌发成二次梢、三次梢及四次梢。

（2）不定芽。

在桃树骨干枝因受伤或重剪回缩刺激诱发下萌发，发生部位不固定的芽称为不定芽，通常抽生为强旺的徒长枝。但桃树的不定芽发生量少。

（3）潜伏芽。

在1年生枝条上夏季不萌发，而处于休眠状态的芽称为潜伏芽或休眠芽。该类芽仍具生命活力，在受到刺激后仍能萌发。一般潜伏芽的寿命较短，极个别能保持10年以上。因此，树冠要及时更新。

（4）盲节。

桃树有的叶腋没有芽原基，有节无芽，通常称为盲节。成都地区抽发秋梢的枝条上易产生盲节，一般在长果枝顶端，有节无芽。因此，栽培上应避免秋梢的发生，以免消耗树体养分和产生无效芽；同时，秋梢发生严重的桃树，往往花芽分化差。

（二）叶的生长特性

桃树的叶片呈长圆披针形或倒卵披针形，一般长约15 cm，宽1~6 cm，叶顶端为尖形，叶片边缘有锯齿。桃叶片在夏季的颜色一般为绿色，也有红色，而当营养缺乏时表现为黄色甚至白色。

桃树萌芽率高。因此，桃树早期叶片发生数量多，叶幕形成快。一般来讲，5月下旬到6月中下旬，叶幕已基本形成。中短枝停长早，它们的叶片组成了树体早期的叶幕。但这些叶片，尤其是新梢基部面积较小的叶片，寿命相对较短，容易脱落。而后期长梢和徒长梢上的叶片则成为后期叶幕中有效叶片的主要部分。

三、枝条的生长动态

（一）新梢的伸长生长

桃叶芽萌芽展叶后，要经过短暂的缓慢生长期（叶簇期），在谢花后一周左右，新梢开始进入迅速生长期。到5月中下旬，生长势较弱的新梢（最终生长长度小于20 cm）生长速度减缓并依次停止生长，而生长势较强的新梢还会继续伸长生长，有时可观察到2~3次迅速生长期。强旺枝停止生长期来得晚，一般在7月中下旬，有些甚至到8月份才停止生长。只有枝梢及时停长，才有利于花芽的分化形成。

（二）枝条和枝干的加粗生长

枝条和枝干的加粗生长一般与枝梢的伸长生长同时开始。品种生长势旺盛、树体的年龄小和栽培管理措施到位有利于树体的营养生长，则枝条和枝干的加粗生长量大。土壤干旱、气温太低、营养不良、结果过多等因素，都不利于枝条和枝干的加粗生长。

对于中晚熟品种，枝条和枝干的加粗生长最大量发生在果核硬化期，而在果实迅速生长期内，枝条和枝干的加粗生长量明显减小。

（三）枝的年生长动态

在成都地区，一般2月下旬花芽萌动，3月底落花后枝梢即转入生长期。4月上旬至4月底多数品种出现第一个生长高峰。5月上旬至中旬，生长势略减缓。多数品种在5月中旬至6月上旬出现第二个生长高峰，这次生长高峰表现出生长量大、时间长等特点。6月中旬至6月底，枝梢生长明显减缓甚至停止，但生长旺盛的幼树可能进入第三个生长高峰，直至8月才停止生长。枝梢停止生长后便开始充实老熟，10月下旬至11月中旬落叶，之后进入休眠期。

四、花芽分化的过程

形成花芽的过程称为花芽分化，是果树年周期中很重要的生命活动之一。花芽的多少和质量的好坏，很大程度上决定着来年的产量。桃树花芽分化可分为四个阶段，即生理分化期、形态分化期、休眠期、性细胞形成期。

（一）生理分化期

生理分化期，树体内营养、核酸、激素和酶系统发生了变化，为花芽分化奠定了基础。该时期是芽的生长锥由营养性转向生殖性的关键时期，此时新梢生长缓慢。

（二）形态分化期

花芽的形态分化期依次为分化始期、花萼分化期、花瓣分化期、雄蕊分化期及雌蕊分化期。不同品种所需的时间不同，成都地区一般8月下旬—9月下旬为止，需70~90天。结果短枝、花束状果枝分化早；长果枝和副梢分化晚，但进程较快。

（三）休眠期

休眠期，芽内物质的转化及代谢活动仍继续进行，但花芽必须经过此低温时期，在生理上发生一系列的变化，才能继续分化发育，越冬后才能正常开花。

（四）性细胞形成期

花芽解除休眠，雄蕊分化形成花粉，雌蕊分化形成胚珠、胚囊和雌配子，此为性细胞形成期。至此花芽完成分化、发育的全过程，条件具备时可以开花。在花粉形成过程中，有的品种中途停止发育，不能形成有生活力的花粉（叫花粉败育或雄性败育），只能形成具有雌性功能的雌能花。

五、开花授粉

（一）花的结构

花由花柄、花托、花萼、雄蕊、雌蕊和花瓣组成。不同品种的桃树的花结构有所差异，带来更多的观赏价值。

1. 桃花的形状

桃花的形状以蔷薇形为主（如白凤桃），也有菊花形（如菊花桃）和花形较小的铃形花（如双喜红油桃）。

2. 桃花瓣的数量

桃花瓣在数量上有单瓣、复瓣和重瓣之分，5瓣花瓣为单瓣，6~10瓣为复瓣，10瓣以上为重瓣。

3. 桃花的颜色

桃花的颜色有粉色、红色、白色和杂色嵌合体四种类型。蔷薇形花的直径在4.1 cm左右，铃形花的直径在2.3 cm左右，菊花形的花瓣最窄。生产上以粉色桃花最为常见。

4. 桃花雌蕊柱头

栽培品种的雌蕊一般为单柱头，观赏品种多柱头现象明显。

5. 桃花雄蕊

桃花雄蕊一般30~50根，花药颜色多为橘红色，也有黄色、浅褐色和白色。一般颜色越深花粉越多，白色花药内无花粉。

（二）开花习性

随着气温的升高，经过休眠的花芽陆续开花。花单生，先于叶开放，花芽膨大后，经过露萼期、露红期、花蕾期、初花期、盛花期及落花期。

不同年份同一地点的同一品种，花期相差 4~7 天。不同的地理位置和海拔，花期差异较大。如成都市龙泉山的山脚与山顶，同一桃品种开花期相差 1 周左右。不同经度和纬度的花期相差更大，我国南方比北方早 1 个月左右，四川盆地花期比江浙一带早半个月左右。

萌芽是桃树地上部由休眠期转到生长期的一个标志。花芽从萌动到开花大约经历这几个阶段：首先花芽鳞片开绽，芽体略为膨大；接着花瓣露顶，微现粉红色，出现气球状花蕾；最后花朵开放。全树 5% 的花朵开放的时期为初花期，25%~75% 的花朵开放的时期为盛花期，75% 以上的花瓣脱落的时期为盛花末期，全部花瓣脱落的时期为终花期。

在成都地区，多数品种在 2 月上中旬开始萌芽，3 月中下旬开花，花期为 5~10 天，3 月底谢花。桃树开花期的平均气温一般在 10℃ 以上，适宜的温度为 12℃~14℃。花期一般持续 1 周左右。花期的早晚及长短，与当年春季的温度、湿度和光照有关：晴朗和高温时开花早，开放整齐，花期也短；阴雨低温时，开花迟，花期长，花朵开放参差不齐。由此可见，温度是影响花期长短的一个重要因素。

（三）授粉受精

桃花经过授粉、受精产生种子，才能坐果。据日本相关部门报道，桃受精在花后 10~14 天内完成；拉格蓝德（Ragland，1934）报道，菲利浦黏核桃和米欧桃（Muir）受精是在盛花后 10~16 天发生。初期子房形成两个胚珠，其中一个退化，约在盛花后 2 周消失，留下 1 个大的胚珠吸收胚乳，继续发育成种子。而未受精的子房，往往因为调运养分的能力差而不能膨大，最后脱落。因此，完成正常的授粉受精，是桃树实现正常坐果的根本保证。

桃大多数品种能自花结实，且结实率较高，即只要花粉发育正常，无须授粉品种的坐果率也能达到生产上的要求。但是，也有一些品种因花粉发育不良或无花粉而不能自花结实（如早凤王、锦香等少数品种），必须配置授粉树，才能获得正常的产量。此外，即使能自花结实的品种，在配置授粉树后，也可显著提高产量。

六、果实的生长发育

桃果为真果，由子房壁发育而来。果实由三层果皮构成，中果皮的细胞发育为可食用的部分，内果皮细胞木质化成为果核，外果皮表皮细胞发育成为果皮。

（一）果实发育的阶段

在发育过程中，无论是从体积还是从重量方面来看，桃果生长具有两次高峰。在两次高峰之间又有一个缓慢生长期，这样的生长动态构成了桃果的"双S"生长曲线。

1. 迅速生长期

迅速生长期，从谢花后开始至果核大小定型，核面刻纹已显示出品种特性，但未木质化。迅速生长期持续时间的长短在早、中、晚熟品种间差异不大，一般为 30 天左右，其标志是幼嫩的白色果核的核尖出现浅黄色。这一时期，子房壁细胞迅速分裂，幼果迅速增大，新梢旺盛生长，需要大量的氮素和充足的水分。故在花前花后要对弱树注意补充氮肥和灌水，一方面可促进幼果细胞数目的增加，另一方面可减少落果的发生。

2. 果核硬化期（缓慢生长期）

果核硬化期，从核层开始硬化至果核完全变硬为止，果实增长缓慢，种核发育较快。果核硬化期持续时间的长短决定了果实成熟期的早晚，极早熟品种的果核硬化与果实第二次迅速生长同时进行，早熟品种在 7 天左右，中熟品种在 14 天左右，晚熟品种可长达 45 天。这一时期，新梢又迅速生长，发生大量二次梢，是一年中新梢生长最快的时期。如氮肥或水分过多，会刺激新梢旺长，增大梢果矛盾，造成"六月落果"。因此，这一时期对旺树，要暂停氮肥施用和控制水分，可对叶面补充磷钾肥和钙肥。

3. 果实膨大期

果实膨大期，自果核硬化完成至果实成熟，主要表现为果实细胞体积迅速膨大和细胞间隙扩大，是果实第二次迅速增长期。这一时期，新梢生长缓慢并逐渐停止生长。一般采前 10～20 天，果实体积和重量增长最快，最后果实着色成熟。它是果实增重的主要时期，增加的重量约占总果重的 50％～70％。

果实膨大期是桃果增重和品质形成的关键时期，环境条件、肥水管理、栽培技术措施等均比在其他时期更加显著地影响果实大小及品质。如在果实膨大期进行水分胁迫处理，能显著地减小果实体积，增加果实含糖量及提高果实的贮运能力；但在迅速生长期和果核硬化期进行水分胁迫处理，对果实的生长无显著的抑制作用，对果实含糖量和贮藏性能也无影响。故在果实成熟前 1 个月增施钾肥，能促进果实增大、提高果实品质；树盘覆盖反光膜既能增加光照、提高着色度，又能控制水分、提高果实含糖量。

（二）关于落果

生理原因引起的落果现象称为"生理落果"。桃树自谢花后到果实成熟，会不同程度地发生三次生理落果。

1. 第一次生理落果

第一次生理落果发生于谢花后 1~2 周，主要由授粉、受精不良引起。

2. 第二次生理落果

第二次生理落果发生于谢花后 3~4 周，此时桃果已有蚕豆大小，主要由种胚发育不良引起。

3. 第三次生理落果

第三次生理落果多发生于 5 月下旬至 6 月上旬，故称为"六月落果"，主要由营养不足，种胚继续发育受阻引起。此次落果数量多，对产量影响很大。

为了减少第一、二次生理落果，要抓好果园秋季管理，提高树体贮藏营养的水平，使花芽发育良好。要创造有利于桃树授粉受精的条件，如合理配置授粉品种、果园放蜂、防风、防冻、人工辅助授粉等。此外，如花、果过多还应在早期进行适当的疏花、疏果。为了减少第三次生理落果，要抓好土肥水管理，使新梢生长适度，果实能得到足够的营养。

第二节　桃的生命周期

桃树一生要经历生长、结果、衰老、死亡这一生命过程，可分为几个年龄阶段，这些阶段被称为生命周期。通常把桃树的一生分为五个年龄阶段，即幼树期、结果初期、盛果期、结果后期、衰老期。了解和掌握各个年龄阶段桃树生长发育的特点，正确采用相应的农技措施，是获得丰产、稳产的重要保证。

一、幼树期

幼树期通常是指从苗木定植到开花结果这个阶段，1 年生桃的幼树期为定植后 1~2 年。幼树期桃树的特征是根系生长旺盛，先形成垂直根和水平骨干根，继而发生侧根和须根，一般根系生长要快于树冠；树冠迅速扩大，开始形成骨架，枝条易直立生长，新梢生长量大，节间较长，叶片较大，一年有多次生长，末级枝梢停止生长较晚、组织不够充实，因而影响越冬。随着根系和树冠的迅速生长、扩大，吸收面积和叶片光合面积增大，矿物质营养和同化物质累积逐渐增多，为开花结果奠定基础。

幼树期的长短与栽培管理技术密切相关。尽快扩大营养面积，增进营养物质的积累是提早结果、缩短幼树期的主要措施，具体有：抓好培肥土壤，增施肥水，培养强大的根系；轻修剪多留枝，使早期形成预定树形；适当使用生长抑制剂，控梢促花，使之早结果。若栽培管理得当，定植后第二年即可开花结果。

二、结果初期

结果初期是指从开始结果到大量结果（盛果期）前的这个阶段，桃树结果初期一般为定植后的3～4年。这一时期桃树仍然生长旺盛，离心生长强，分枝大量增加并继续形成骨架。根系继续扩展，须根大量发生。随着树龄的增加，骨干枝生长减缓，树体结构基本长成，从营养生长占绝对优势向生殖生长平衡过渡。

结果初期的长短主要决定于品种和栽培技术，一般仅需1～2年，采用的栽培措施主要是轻修剪、重肥水，继续增施有机肥和磷钾肥，形成树冠骨架，着重培养结果枝组，防止树冠旺长。在保证树体健壮生长的基础上，尽量提升产量，争取早日进入盛果期。

三、盛果期

盛果期是指果树进入大量结果的时期，这一时期要经历：大量结果到高产稳产再到出现大小年和产量开始下降，树冠或根系均已扩大至最大限度，骨干枝离心生长逐渐减少，枝叶生长量逐步减少；发育枝减少，结果枝大量增加，大量形成花芽，产量达到高峰；结果枝由长、中、短果枝为主逐渐转到以短果枝为主，结果部位逐渐外移，树冠内堂空虚部位发生少量徒长枝，向心生长开始。

盛果期持续时间因品种、砧木不同而存在很大差异。此外，自然条件及栽培技术也会对盛果期的长短产生重要的影响。桃的盛果期一般在定植后5～15年，此期应调节好营养生长和生殖生长的关系，保持新梢生长、根系生长、结果和分化花芽之间的平衡。主要的调控措施为：加强肥水供应，实行细致的更新修剪，均衡配备营养枝、结果枝和结果预备枝。尽量维持较大的叶面积，控制适宜的结果量，防止大小年结果现象过早出现，使盛果期得到延长。

四、结果后期

结果后期是桃树从高产稳产到开始出现大小年直至产量明显下降这个阶段，一般定植 15 年后开始进入结果后期。其特点是：新梢生长量小，出现大量的短果枝或花束状枝，结果量逐渐减少；果实逐渐变小，含水量少而含糖较多；体内储存物质越来越少；虽能萌发徒长枝，但很少形成更新枝；主枝先端开始衰枯，骨干根生长逐步衰弱并相继死亡，根系分布范围逐渐缩小。

生产上，大年时要注意疏花、疏果，配合深翻改土、增施有机肥，更新根系，适当重剪回缩和利用更新枝条；小年时要促进新梢生长和控制花芽形成量，以平衡树势，延缓衰老期的到来。

五、衰老期

衰老期为树体生命活动进一步衰退的时期，桃树一般定植 20 年后进入衰老期。这一时期，部分大枝开始衰败，中、小枝条衰枯逐年增多，骨干枝严重裸秃，树冠空虚，枝条生长量极小，全树多为短果枝和花束状果枝，产量迅速下降以至失去经济效益。当桃树产量下降、经济效益明显变差时，就应考虑砍伐清园，重建新果园。

以上所述桃树的五个年龄阶段，其虽在形态特征上有明显区别，但变化是连续且逐步过渡的，并无明显的划分界线。而各时期的长短和变化速度，主要取决于栽培管理技术。正确认识各个时期的特点及变化规律，可以有针对性地制定合理的管理措施，以利早结果，高产稳产，延长盛果期，从而提高经济效益。

第三节　对环境条件的要求

一、温度

桃树是喜温暖的果树，南方品种群适宜的年平均温度为 12℃～17℃，北方品种群适宜的年平均温度为 8℃～14℃。南方品种群要比北方品种群更耐夏季高温。大多数品种在生长期月平均温度达到 24℃～25℃时，产量高、品质佳；温度过高，品质下降。

温度对桃树的影响主要有：在冬季需要平均温度低于 7.2℃ 的低温 50～1250 h，才能顺利通过休眠阶段。冬季需冷量不能满足，就不能正常解除休眠，次年花芽不能膨大，出现枯蕾、落蕾、开花不整齐，不能正常授粉受精、落花落果严重等现象。在四川省龙泉驿地区，因冬季低温不足，许多品种（如皮球桃、大久保、北京 27 号等）出现枯芽、枯花现象。一般认为需冷量为 600 h 以下的为短需冷量品种，800 h 以上的为长需冷量品种，多数品种的需冷量为 750 h，要达到这个条件才能完成休眠，第二年才能正常萌芽开花。

桃树耐寒力在温带果树中相对较弱。桃树的各个器官及同一器官在不同时期耐寒力均不相同，叶芽抗寒力比花芽强，枝条抗寒力比根系强，二次梢比一次梢易受冻，花芽休眠期一般在 −18℃ 时才受冻害。但如晚春时期自然休眠结束时气温骤升，使花芽内部生理过程活跃，呈生长状态，则其耐寒力显著降低，如遇倒春寒，温度稍低即有受冻可能，特别对休眠不稳定的品种危害更显著。

桃花芽在萌动后的花蕾只能耐受 −6.6℃～−1.7℃ 的低温，开花期能耐受 −2℃～−1℃ 的低温，而幼果期的受冻温度为 −1.1℃。根的耐受力较强，在冬季能耐 −11℃～−10℃ 的低温。

二、光照

桃树原产于海拔高、日照长的地区，形成了喜光的特性。光照充足的桃园，桃树枝条生长充实，花芽饱满，果实含糖量高，色泽艳丽。

桃树对光照不足极为敏感。密植时，树冠下部枝条迅速死亡，结果部位显著上升，造成树冠内膛空虚。桃树喜光是小枝喜光，而骨干枝忌直射光照射。见光的小枝为紫红色、健壮，不见光的小枝为绿色、细弱。因此，树冠上的小枝最好枝枝见光而不互遮光，但骨干枝则需要避免直射光照射。当直射光照射过强、日照率高达 65%～80%，树皮温度超过 50℃ 时，表皮细胞壁就会溶解，最后坏死，导致日灼病。若大枝遭日灼病，小枝就要枯死。因此，栽培应尽量利用小枝遮阴骨干枝，以防日灼。栽培上，树形宜采用开心形、"Y" 字形等高光效树形，保持良好的通风透光性，才能实现高产、优质的栽培目标。成都地区采用主干形密植时，选用易着色和高糖型品种，才利于保证桃果的品质。

三、水分

桃原产于干燥区域，枝叶对空气湿度要求较低，根系的抗旱性强，土壤中含水量达 20%～40%时仍能良好生长，故桃树耐干旱。南方品种群由于长期在夏湿条件下驯化，亦较耐潮湿。

桃树虽喜干燥，但长期干旱会导致枝梢停长早，花芽瘦小、不饱满，来年坐果率下降。特别是胚仁形成和果核形成初期以及枝条迅速生长期缺水，会严重影响枝梢果实的生长发育，导致大量落果、果实变小。成都地区冬季干旱，早春二月时必须灌水，促进萌芽整齐；早熟品种膨大期，干旱缺水会造成大量小果，生产上要加强灌水；中晚熟品种在果实肥大期，一般夏季雨水已到，有利于果实生长，但多雨会造成味淡而影响果实的品质。

桃树对水分过多较敏感。雨量过多时，枝条易徒长，花芽分化少，特别是花期或成熟期，如遇多雨天气则授粉受精不良，果实着色差，风味淡，造成品质下降，不耐贮运。桃树根系不耐水淹，在排水不良和地下水位高的桃园，连续积水两昼夜会引起根系早衰、叶薄、色淡，进而落叶、落果、流胶以致植株死亡。因此，6—9 月多雨季节时，成都市龙泉山桃种植区域需加强排水工作。

四、土壤

（一）土壤类型与桃树生长发育的关系

1. 黏重、排水不良、低洼地

以此类土壤种植桃树，易导致桃树患流胶病、干（根）腐病，甚至早衰、早亡，一般不宜选用。地下水位高的土壤更不宜栽植桃树。

2. 山坡沙质土和砾质土

以此类土壤种植桃树，可使桃树更早进入结果期、产出的桃果品质好，若管理得当则盛果期长。在沙质过量、有机质缺乏、保水能力差的土壤上，桃树的生长会受到限制，花芽虽易形成、结果早，但产量低、盛果期短，再加之夏季高温或供水不足，根系生长衰退，桃树寿命短。因此，应对这种土壤增施有机肥并加深土层，诱导根系向纵深发展。

3. 黏质土及肥沃土

以此类土壤种植桃树，树势生长旺茂，结果期迟且易落叶，早期产量低，果形小、味淡、贮藏性差，还易发生炭疽病、流胶病等病害。若栽植时多施有机肥料，加强排水，适当放宽株行距，进行轻剪，也易获得高产，延长盛果期。

（二）桃树对土壤的酸碱度要求

土壤的酸碱度以微酸性最好，当 pH 为 5~7 时最佳，但 pH 为 4~8 时也能正常生长。当土壤 pH 低于 4 或高于 8 时，则严重影响生长。以偏碱性土壤栽培桃树，常导致桃树吸收铁元素困难，易发生黄叶病，因此栽种时必须进行土壤改良或选择耐碱性的砧木，以增加抗性。

五、地势

（一）平地

平地一般地面平整，土壤深厚、肥沃，水源充足，排灌方便，便于运输管理和机械化作业。其上，幼树生长快且健壮，容易实现早结、丰产。但平地尤其是水田的地下水位高，熟化土层浅薄，底土氧气含量往往不足，易造成桃树根系分布浅，根群多在表土层，从而降低树体的抗逆能力，使地上部和地下部失去平衡，导致早衰。

因此，地下水位高的地方，不宜建桃园。在地下水位不高的水田和冲积平原建园，也要修建排灌系统，采用深沟高厢，以降低地下水位，增厚有效土层，做到排灌顺畅，避免涝害。否则会出现病虫害严重、大量落叶、流胶，严重影响树势，导致树势早衰。

（二）山地或丘陵地

桃树喜光，建园时宜选择山地或丘陵地，以阳坡和坡度在 25°以下者栽培为宜。因为山地、坡地通风透光、排水良好，桃树病虫害少，树体健壮、寿命长，果实色泽鲜艳，糖分含量高，风味好、品质好，耐贮藏。但山地、坡地的土层较薄，栽培桃树时必须进行改良（如增施有机肥和聚土增厚土层等），否则难于实现丰产稳产。因此，建园应选在土层较厚、肥水条件较好的地带。

（三）低洼谷地或狭谷地带

低洼谷地或狭谷地带常因阳光不充足、通风透气不良而导致桃树生长较慢，花期遭晚霜为害较多，且易感染真菌性病害。因此，此类地形不宜建园。

（四）隙地

隙地又称旁隙地，为路旁、宅旁、村旁、山旁等零星散地的总称。利用隙地种植零星桃树可积少成多，是一种充分利用土地、发展农村庭院经济的有效措施。在隙地种植桃树，往往树体高大、通风透光良好，单株产量高，寿命长，病虫害轻，并有美化环境的作用。

六、风

（一）微风

微风可以促进空气交换，增强蒸腾作用，改善光照条件和光合作用，消除辐射霜冻，降低地面高温，以使桃树免受伤害，减少病虫害的发生。此外，微风还可辅助桃树授粉结实。

（二）大风

大风对果树总的说来不利，会使蒸腾作用加强，使树体发生旱害，易引起土壤干旱，从而影响根系的生长。花期遇大风，会影响昆虫活动和授粉，柱头变干快，坐果率低。果实成熟期大风，会吹落果实或擦伤果面，严重影响产量。

第三章　桃优良品种简介

第一节　品种分类基础知识

桃种质资源非常丰富，经过近代果树育种家的努力，桃树新品种选育进程加快，效率提高，每年都有很多新品种被培育出来。据不完全统计，世界上桃树栽培品种有 3000 种以上，我国有 1000 多种。目前桃树品种的分类方法较多，一般以果实的形态、性状，树体对生态环境条件的适应性作为主要的分类依据。

一、按形态特征分类

根据桃果形状和生长发育特性进行分类十分重要，能帮助种植者判断该品种的主要生物学特征。

（一）按果实形状分类

按果实形状，桃可分为圆桃和扁桃。①圆桃的果实近圆形或长圆形，果顶微凹至突尖。目前，世界上栽培的桃品种绝大部分属于圆桃类型。②扁桃又称为蟠桃，果实扁圆，两端凹入，如早露蟠桃、蟠桃皇后等。近年来随着桃果生产量的增加和消费者追求果形多样化，蟠桃倍受消费者的青睐。

（二）按果皮毛茸有无分类

按果皮毛茸有无，桃可分为普通桃和油桃。①普通桃，其果实表面覆有一层茸毛。目前，世界上栽培的桃树品种绝大部分属于普通桃类型。②油桃是普通桃的变种，特点是果实表面无茸毛，果实成熟时表皮光亮艳丽。由于油桃果实无茸毛、色泽艳丽、食用方便，近年来深受广大消费者的喜爱。

（三）按果核黏离度分类

按果核与果肉的黏离度，桃可分为离核、黏核和半离核品种。①离核品种的果肉组织较松散，尤其是近核处的果肉，果核容易从果肉上剥离。②黏核品种的果肉致密，果实成熟时，果肉与核不易分离。由于黏核品种的果实适宜于挖核，因此加工制罐的桃品种要求为黏核。③半离核品种则居于上述二者之间。

（四）按果肉质地分类

按果实成熟时果肉质地，桃可分为溶质和不溶质类型品种。①溶质类型品种在果实成熟时，果肉柔软多汁，适宜鲜食（如晚湖景、白凤等）。溶质类型又可分为硬溶质和软溶质两种类型。②不溶质类型品种在果实成熟时，果肉质地强韧、富有弹性，加工时耐烫煮，且多为黏核，一般均为加工制罐品种。

（五）按果肉颜色分类

按果肉颜色，桃可分为白肉桃、黄肉桃、红肉桃和绿肉桃。①白肉桃，肉色呈白或乳白色，包括肉色呈白或乳白色而近核处果肉带红色的品种。一般来讲，白肉桃果实含酸量较低，这很符合东方人喜食偏甜少酸水果的习惯。因此，我国从古至今主栽的鲜食品种绝大部分为白肉桃类型。②黄肉桃，肉色呈黄色或橙黄色。黄色品种在加工制罐时能保证汁液清澈透明，故除少数白色桃品种外，专用的制罐品种都为黄肉桃品种。传统黄肉桃一般果实含酸量偏高，风味较浓。在欧美一些国家，黄肉桃的鲜食品种占有较大的比重。近年来，中国也培育出了一批低酸鲜食黄肉桃品种。③红肉桃，果肉呈血红色，如血桃、天津水蜜桃等品种。④绿肉桃，果肉呈绿色。

（六）按果实成熟期早晚分类

按果实成熟期早晚桃可分为早、中、晚熟品种。在成都地区，早熟品种果实生长发育期中硬核期较短或无明显的硬核期，果实发育期较短，果实成熟后有的品种核未完全木质化（如春蕾）；中、晚熟品种果实有较长时间的缓慢生长期（即硬化期），果实生长发育期较长。

在成都地区，一般果实生长发育期在 90 天以内，即 6 月 20 日以前成熟的品种称为早熟品种；果实生长发育期在 90 天至 120 天以内，即 6 月 21 日至 7 月 20 日成熟的品种称为中熟品种；果实生长发育期在 120 天至 150 天以内，即 7 月 21 日至 8 月 20 日成熟的品种称为晚熟品种；果实生长发育期在 150 天以上，即 8 月 21 日之后成熟的品种称为特晚熟品种，如冬桃和雪桃。

二、按生态类型分类

桃原产于我国西北高海拔地区。在我国华北、西北栽培后，通过不断选育，形成了一定数量的品种群体。自从桃向我国南方（长江流域）、小亚细亚、南欧传播后，形成了适应不同生态类型的新品种群。

（一）北方品种群

北方品种群属于一个古老的、历史最为悠久的品种群。本品种群形成于我国黄河流域的华北及西北，以甘肃、陕西、河北、山西、山东和河南等地栽培最多。本品种群果实特点为果顶尖而突起，缝合线及梗洼较深，肉质较硬、致密；树势强健，树姿多为直立和半直立类型；枝条生长势强，中长果枝上花芽形成数量少，节位高，单花芽比例较高。由于北方品种群桃的果实梗洼深，果柄短，在果实发育后期（近成熟时）粗壮长果枝不易弯曲，会造成果实自然脱落。因此，本品种群的品种多利用中、短果枝和花束状果枝结果。

一般来讲，北方品种群品种移至南方栽培，往往表现出生长发育不良、产量低、抗病能力差。山东肥城桃、河北深州水蜜桃，即便从原产地移至北方其他地区栽培，也会因为生长不良造成产量不稳定及品质变差。另外，本品种群的桃树多表现为树体抗寒性强，但花芽的抗寒性较差，过冬后易出现僵芽现象。

北方品种群又可分为蜜桃和硬肉桃两大亚群。①蜜桃亚群：果大，黏核，果肉多为白色，成熟时柔软多汁，且多为中、晚熟品种，代表品种如山东肥城桃、河北深州水蜜桃、天津水蜜桃、陕西渭南甜桃等。②硬肉桃亚群：果实初熟时肉质脆嫩多汁，但完熟时肉质变软或发绵，汁液少，如河北的五月鲜。

（二）南方品种群

南方品种群是在长江流域，尤其以南京、杭州、上海为中心形成的一类适应于温暖多湿生态条件的品种群。本品种群树势壮健，枝梢粗壮，中长果枝比例大，结果好。南方品种群属进化类型，具有适应北方生态环境的特点。因此，大多数情况下，南方品种群的品种移至北方，也能实现丰产优质栽培。

南方品种群又可分为水蜜桃、硬肉桃和蟠桃三大亚群。①水蜜桃亚群：果实为圆形和长圆形，果顶无明显的突尖，果肉柔软多汁，不耐贮运，代表品种有玉露、白花等。一般来讲，水蜜桃亚群较进化类型，其树姿开张或半开张，发枝力强，中长果枝上多复花芽，基本保持了南方品种的特性，在我国南、北方栽培均适宜。②硬肉桃亚群：果实顶端短尖，肉质硬脆致密，汁少，代表品种有吊枝白等。硬肉桃亚群是南方品种群中古老类型，其树姿直立，中长果枝上多单花芽。③蟠桃亚群：除果实形状为扁圆外，树体的生长特征与水蜜桃亚群基本相同。

（三）南欧品种群

南欧品种群是自我国经伊朗、小亚细亚传至南欧后经长期驯化形成的品种，适应夏季干燥、光照强，冬季温和的气候。美国及南欧各国的品种多数属本品种群，包括黄肉、白肉和油桃品种，引入我国栽培的有新端阳、塔斯坎、西洋黄肉等。由于本品种群的适应性与北方品种群相似，因此在华北栽培一般生长结果良好。

三、按果实利用方式分类

按果实利用方式，桃一般分为鲜食品种、加工品种和兼用品种三类。优良的鲜食品种要求色彩艳丽，汁多味美。因此，至今世界上栽培的鲜食品种绝大多数属于肉溶质类型。对于加工品种，除希望果大核小、缝合线两侧对称、加工时利用率高之外，更重要的是必须满足下面三个条件：①肉黄且近核处无红色，在加工过程中酶褐变不明显；②不溶质；③黏核，以劈桃挖核时能保持果肉表面光洁为准。而兼用品种，既可鲜食，又可制罐加工。

第二节　成都市桃主推品种介绍

一、普通桃

（一）早熟品种

1. 紫玉

成都地区果实成熟期为 5 月中下旬。平均单果重约 110 g，最大单果重约 150 g。果实圆整，果顶平、微凹。缝合线浅，较对称。果皮颜色呈"红—紫红"色,着色率为100%(见彩图1)。可溶性固形物含量为11%~13%,风味甜酸,果肉颜色呈"白—粉红"色,黏核。

2. 春蜜

成都地区果实成熟期为5月中下旬。平均单果重约200 g,最大单果重约400 g。果形为卵圆,果顶多圆平,少数凹陷。90%以上着深红色(见彩图2)。可溶性固形物含量为10%~12%。风味甜,汁液中多。果肉呈白色(有红色掺入)。黏核,裂核约占19.4%。自花结实率约为66.7%,具有丰产性好的特点。综合评价:因其果大色好,可作为早香玉、京春的更新换代品种。但果实过熟时易"翻砂",因此应在8成熟的硬熟期采收、销售。

3. 99—10—2

成都地区果实成熟期为6月上旬。平均单果重约103 g,最大单果重约170 g。果形为扁圆,果顶明显凹陷,绒毛较多。梗洼较浅,底色为绿白色。缝合线较对称(对称率约为60%)。着红晕,着色率为90%~95%(见彩图3)。可溶性固形物含量为9%~10%,风味为"酸甜,味淡"。果肉呈白色,有红色掺杂。黏核,约80%裂核。

4. 千姬

成都地区果实成熟期为6月上中旬,果实发育期在85天左右。平均单果重约150 g,最大单果重约245 g。果形为卵圆形,果顶为"圆平—圆凸"状,绒毛中等。梗洼较浅,缝合线较对称(对称率约为80%)。底色呈乳白色,果色着红晕,着色率为50%~95%(见彩图4)。可溶性固形物含量为12.8%,风味为"浓甜,微酸"。果肉呈白色,带少量红色素,肉质细密,柔软多汁,黏核。

5. 早春

成都地区果实成熟期为6月中旬。平均单果重约129 g,最大单果重约195 g。果形为圆形至卵圆,果顶凹陷,绒毛中等。梗洼较浅,缝合线较对称(对称率约为60%)。着色率为85%~95%,着红晕(见彩图5)。可溶性固形物含量为10%~13%,风味为"淡甜—浓甜"。果肉颜色呈白色,肉质致密。黏核,约50%开裂。

6. 春美

成都地区果实成熟期为6月上中旬。平均单果重约200 g,最大单果重约300 g。果形为圆形至卵圆,果顶多圆平、微凹。梗洼较浅。缝合线较浅,果实较对称。果面着色率为80%~90%,着红色(见彩图6)。可溶性固形物含量为 12％～14％，风味甜，汁液多。果肉呈白色，黏核，丰产性好。

7. 红玉

成都地区果实成熟期为 6 月上中旬。早熟、耐贮运、脆桃新品种。平均单果重约 150 g，最大单果重约 300 g。果实为圆形，果顶凹。成熟时果面全红，果肉呈白色，硬度大（见彩图 7）。可溶性固形物含量为 12％～14％，风味甜。可采成熟期长达 2 周左右，货架期较长。自花坐果率最高可达 74％，属极丰产品种。种植时应注意疏花疏果，合理负载，增大果个，增施有机肥以提高果实风味。

8. 胭脂脆桃

成都地区果实成熟期为 6 月中下旬。平均单果重约 266.75 g，最大单果重约 315 g。果形为扁圆或卵圆，果顶明显凹陷，绒毛中等。梗洼深，缝合线不对称（对称率约为 30％）。果面着色率为 90％～95％，着红晕（见彩图 8）。可溶性固形物含量为 9％～13.5％，风味酸甜。果肉颜色呈"白—粉红"色，肉质致密，黏核。

9. 松森

成都地区果实成熟期为 6 月中下旬。平均单果重约 215.8 g，最大单果重约 250 g。果形为"卵圆形—扁圆形"，果顶凹陷，绒毛中等。梗洼较浅、缝合线较对称。果面着色率为 90％～95％，着红晕上有条纹带白点（见彩图 9）。可溶性固形物含量为 10％～13.5％，风味甜，微酸。果肉呈白粉红，质地致密，黏核，较耐贮运。具有花粉多、坐果率高、丰产性好特点。

10. 早脆

成都地区果实成熟期为 6 月上中旬。单果重约 210 g，最大单果重约 400 g。果形为卵圆形，果顶圆平或微凹。缝合线中等，较对称。果面着鲜红色，着色率为 100％（见彩图 10）。可溶性固形物含量约为 12％，风味脆甜。果肉呈"白—红"色，不溶质，耐贮运性好，货架期约为 120 天，黏核。自花结实率较低，应配搭授粉品种。

11. 早香玉（北京 27 号）

成都地区果实成熟期为 5 月底—6 月上旬，果实发育期为 60～65 天。平均单果重约 131 g，最大单果重约 200 g。果形近圆形，果顶平，绒毛中等，缝合线浅。果皮阳面具红色条纹（见彩图 11）。果肉呈白色，肉质较软，可溶性固形物含量为 10％～12％，具有汁多、味甜的特点。黏核，有裂核。

12. 庆丰（北京 26 号）

成都地区果实成熟期为 6 月中下旬。平均单果重约 138 g，最大单果重约 250 g。果实为椭圆形，绒毛中等。缝合线浅，两侧较对称。果皮底色呈淡黄绿色，阳面有红色至深红细点晕或条纹（见彩图 12），皮易剥离。果肉为乳白色。具有肉质柔软、汁液多、纤维少的特点，可溶性固形物含量为 10%～12%，风味甜。近核处微酸，半离核。丰产性好。

13. 北京 25 号

成都地区果实成熟期为 6 月下旬。平均单果重约 234 g，最大单果重约 300 g。果形为卵圆形，果顶多凹陷，绒毛中等。梗洼深，缝合线较对称（对称率约为 60%）。果面着红晕，着色率为 80%～95%（见彩图 13）。果肉呈"白—粉红"色，质地致密，可溶性固形物含量为 10%～12%，风味甜酸。黏核，有裂核。无花粉，需人工授粉或配置授粉品种。

（二）中熟品种

1. 白凤

成都地区果实成熟期为 6 月底—7 月上中旬。平均单果重约 150 g，最大单果重约 250 g。果形为"椭圆—扁圆"，果顶凹陷，绒毛中等。梗洼较浅。缝合线较对称（对称率约为 60%）。果色着红晕，着色率为 10%～30%（见彩图 14）。果肉呈白色，可溶性固形物含量为 12%～14%，味甜，黏核。

2. 霞脆

成都地区果实成熟期为 7 月上中旬。平均单果重约 205 g，最大单果重约 400 g。果形为卵圆形，果顶圆平或微凹。梗洼深，缝合线中等，较对称（对称率约为 70%）。果面着玫瑰红霞，着色率为 50%～90%（见彩图 15）。可溶性固形物含量为 12%～14%，风味脆甜（属低酸高糖型）、汁液中多。果肉呈"白—粉红"色，质地致密，不溶质，货架期为 10～15 天，黏核。自花结实率为 47.1%，丰产性好。综合评价：因其不溶质、黏核、低酸高糖及货架期长，可有效弥补离核型老品种皮球桃的缺点，是耐贮型硬桃的重点发展品种。但应控制树势，培养细花枝，确保稳产。

3. 湖景蜜露

成都地区果实成熟期为 7 月中旬，果实发育期为 130 天左右。平均单果重约 210 g。果形为卵圆或圆形，果顶微凹陷，绒毛中等。缝合线较对称（对称率约为 70%）。果色着红晕，着色率为 60%～80%（见彩图 16）。可溶性固形物含量为 10%～13.5%，风味甜。果肉呈白色（近核处为红色），黏核。

4. 霞辉 6 号

成都地区果实成熟期为 7 月中旬。平均单果重约 170.81 g，最大单果重约 275 g。果形为圆形，果顶明显凹陷。缝合线不对称（不对称率约为 60%）。果面着红晕，着色率为 60%～90%（见彩图 17）。可溶性固形物含量为 8%～11.5%，风味淡甜，果肉白，黏核。

5. 大久保

成都地区果实成熟期为 7 月中旬，果实发育期为 110 天左右。平均单果重约 260.75 g，最大单果重约 375 g。果形为卵圆或扁圆形，果顶凹陷。缝合线浅，不对称（不对称率约为 80%），梗洼处缝合线较深。果面着红晕，着色率为 80%～95%（见彩图 18），成熟度较一致。可溶性固形物含量为 8%～12%，风味酸甜，汁液中等。果肉呈"白—粉红"色，致密，过熟疏松。半离核，裂核约为 50%，成熟后离核。

6. 霞晖 8 号

成都地区果实果实成熟期为 7 月中下旬。平均单果重约 240 g，最大单果重约 400 g。果形为卵圆，果顶圆平或稍突。梗洼较深。缝合线较浅，果实较对称。果面着红晕，着色率为 90%以上（见彩图 19）。可溶性固形物含量为 12%～15%，风味浓甜，汁液中多，有香气。果肉呈白色，近核处为粉红色。黏核。综合评价：糖度高，品质佳，果实较硬、留树时间较长。可作为中熟高糖度的水蜜桃型品种进行重点发展，是霞脆的补充品种，也可作为老化品种大久保的更新换代品种。

7. 皮球桃

成都地区果实成熟期为 7 月中旬。平均单果重约 220 g，最大单果重约 400 g。果实为圆球形，缝合线浅，两侧对称，果形整齐。果皮底色浅黄绿色，阳面少量深红色条纹或晕，绒毛少，不易剥离（见彩图 20）。果肉呈白色，近核处有红色，肉质硬而脆，耐贮运，纤维少，甜酸味，可溶性固形物含量为 11%～12%，离核。成都市龙泉驿地区成熟期遇雨易裂核、烂果。

（三）晚熟品种

1. 晚湖景

成都地区果实成熟期为 7 月底—8 月上旬。平均单果重约 260 g，最大单果重约 600 g。果形为"圆—卵圆"，果顶圆平或微凹。梗洼较深。缝合线较浅，果实较对称。果面着红晕，着色率在 90％以上（见彩图 21）。果肉呈"白色—粉红"色，近核处为粉红色。可溶性固形物含量为 13％～22.4％。风味浓甜，汁液多，有香气（属低酸高糖型），黏核。自花结实率约为 55.7％，丰产性好。曾荣获 2015 年全国桃评优金奖。综合评价：糖度极高，品质极佳，熟度越高果实越甜。

2. 京艳（北京 24 号）

成都地区果实成熟期为 8 月上旬，果实发育期为 132 天左右。平均单果重约 305 g，最大单果重约 380 g。果形为卵圆，果顶凹少数微凸，梗洼较深，绒毛多而短。缝合线较浅或中等，两侧较对称，果形整齐。果色呈粉红色带红晕，着色率为 40％～90％（见彩图 22）。果肉呈白色，近核处为粉红。肉质细密且软，汁液较多，纤维少，风味甜，有香气，可溶性固形物含量为 11.5％～13.5％。黏核，裂核率约为 27％。

3. 晚白桃

成都地区果实成熟期为 8 月上中旬，果实发育期在 130 天左右。平均果重约为 150 g，最大单果重约 200 g。果实为圆球形，缝合线浅，两侧对称。果皮底色为绿白，绒毛多，成熟时易剥皮（见彩图 23）。果肉成熟后呈白色，近核处果肉为紫红色，硬溶质。风味浓甜，汁多、纤维少，有香气，含可溶性固形物约为 12％，黏核。

二、油桃

1. 中油 5 号

成都地区果实成熟期为 5 月下旬。平均单果重约 166 g，最大单果重约 220 g。果实为短椭圆形或近圆形，缝合线浅，两半部稍不对称。果皮底色为绿白色，大部分果面或全面着玫瑰红色，艳丽美观（见彩图 24）。果肉呈白色，硬溶质，果肉致密，耐贮运。风味甜，香气中等，可溶性固形物含量为 11％～12％，品质优，黏核。

2. 中油 4 号

成都地区果实成熟期为 6 月初，果实发育期在 64 天左右。平均单果重约 148 g。果实短椭圆形，缝合线浅，果皮底色黄，全面着鲜红色，艳丽美观（见彩图 25）。果肉呈橙黄色，硬溶质，肉质较细。风味浓甜，香气浓郁，可溶性固形物含量为 14%～16%，品质特优，黏核。

3. 金辉

成都地区果实成熟期为 6 月上旬。平均单果重约 173 g，最大单果重约 252 g。果实为椭圆形，果形正，两半部对称，果顶为圆凸形，梗洼浅，缝合线明显、浅，成熟状态一致。果皮无毛，底色黄，果面 80% 以上着明亮鲜红色晕，十分美观，皮不易剥离（见彩图 26）。果肉呈橙黄色，肉质为硬溶质，耐运输，汁液多，纤维中等。果实风味甜，可溶性固形物含量为 12%～14%，有香味，黏核。

4. 曙光

成都地区果实成熟期为 6 月上旬，果实发育期在 65 天左右。平均单果重约 95 g，果实近圆形，外观艳丽，全面着浓红色（见彩图 27）。果肉黄色，硬溶质，风味甜有香气，可溶性固形物含量为 10% 左右，黏核。

5. 玫瑰红

成都地区果实成熟期为 6 月中旬。平均单果重约 150 g，最大单果重约 250 g。果实为椭圆形，果形正，两半部对称，果顶尖圆。梗洼浅，缝合线浅，成熟状态一致。果皮光滑无毛，底色乳白，果面 75%～100% 着玫瑰红色（见彩图 28）。果皮不易剥离，果肉呈乳白色，红色素少，肉质硬溶，汁液中，纤维少。果实甜酸味，可溶性固形物含量约为 11%，可溶性糖约为 9.2%，维生素 C 含量约为 11.10 mg/100g，果核浅棕色，半离核。

6. 双喜红

成都地区果实成熟期为 6 月中旬。平均单果重约 100 g，最大单果重约 170 g。果形扁圆，果顶平微凹。梗洼较浅，缝合线较对称（对称率约为 90%）。果色着红晕，着色率为 80%～90%（见彩图 29）。果肉呈黄色，肉质致密，可溶性固形物含量为 11.5%～17%，风味浓甜。黏核，半离核。成都地区提倡避雨栽培，防止裂果。

7. 霞光

成都地区果实成熟期为 6 月中下旬，果实发育期在 85 天左右。平均单果重约 150 g，最大单果重约 375 g。果实圆形，缝合线浅，对称。果皮光滑无毛，底色绿白，阳面呈鲜红色，着色率为 80% 左右（见彩图 30）。果肉呈白色，阳面果肉稍带红色，肉质较细，汁液多，软溶质，味浓甜，可溶性固形物含量为 12%～13%，半离核，裂果很少。

三、黄桃

1. 郑 3—18

郑 3—18 为特早熟品种，成都地区果实成熟期为 5 月中下旬。平均单果重约 78.3 g，最大单果重约 155 g。果形为"扁圆形—圆柱形"，果顶平凹。梗洼较浅，果顶绒毛较多，缝合线较对称（对称率约为 60％）。果面着色率在 80％以上，有红色片状条纹（见彩图 31）。果肉黄，可溶性固形物含量为 9％～10％，风味酸甜，离核，多开裂。具有丰产性好的特点。

2. 早黄玉

成都地区果实成熟期为 6 月上中旬，属早熟黄肉鲜食桃新品种（见彩图 32）。平均单果重约 150 g，大果单果重可达 390 g 以上。果形为圆形，多有果尖。成熟时果面全红，果肉为黄色，硬度大。可溶性固形物含量为 13％～17％，风味浓甜，属低酸高糖品种。树势中庸，自花坐果率最高可达 76％，极丰产。

3. 锦香

成都地区果实成熟期为 6 月上中旬，属浓香型早熟黄桃。平均单果重约 200 g，最大单果重约 245 g。果形为圆形，果顶凹陷，绒毛中等。梗洼较浅，缝合线不对称（对称率约为 20％）。30％～60％黄色果面上着红晕或条纹（套袋果），底色乳黄色（见彩图 33）。果肉呈金黄色，可溶性固形物含量为 10％～14％。风味甜，微酸，香气浓，黏核，开裂率约为 10％。无花粉，需人工授粉或配置授粉品种。山区种植糖度更高，提前拆袋可促进果面变红、糖度增高。

4. 千丸

成都地区果实成熟期为 6 月中下旬，果实发育期在 92 天左右。平均单果重约 172 g，果实大小均匀，整齐度好。果皮底色黄，着色容易（见彩图 34）。果肉黄色，内质较软，酸味少，可溶性固形物含量约为 13.2％，有微香，黏核。

5. 锦绣

成都地区果实成熟期为 8 月上中旬。平均单果重约 236 g，最大单果重约 300 g。纵横径约为 7.9 cm×7.5 cm。果形为尖圆形，果顶圆凸，缝合线不对称。果色黄（见彩图 35）。果肉呈黄色，近核处为粉红色，可溶性固形物含量为 12%～17%。风味酸甜，汁液多，有香气，黏核。

6. 锦园

成都地区果实成熟期为 8 月上中旬。平均单果重约 198 g，最大单果重约 250 g，纵横径约为 6.8 cm×7.0 cm。果形为圆或卵圆形，果顶圆平，缝合线浅，较对称。果色黄，着红晕，着色率为 30%～60%（见彩图 36）。果肉黄，近核处为微紫红色，可溶性固形物含量为 10%～16%，风味为"酸甜—浓甜"，汁液多，有香气，黏核。

第三节 观赏桃花品种

一、碧桃

碧桃又名千叶桃花，为蔷薇科李属落叶小乔木。通常属于观赏桃花类的重瓣类型统称为碧桃，都是果桃的变种或变型。小枝为红褐色或绿色，表面光滑，冬芽上具白色柔毛。芽并生，中间多为叶芽，两侧为花芽。叶椭圆状披针形，先端长而尖，基部阔楔形，表面光滑无毛，叶缘具粗锯齿，叶基部有腺体。花芽腋生，先开花后展叶，花单生，花梗极短，原种之花为粉红色或白色，单瓣，栽培品种有多样花色并有复瓣至重瓣品种。碧桃原产我国，在我国西北和西南山区均有野生树种，现广泛分布于世界各地。其性喜阳光，不耐阴，耐寒，耐旱，不耐水湿。土质要求为疏松肥沃、排水通畅的沙壤土，在黏重土壤中易患流胶病。喜通风敞亮的环境条件，常见栽培的品种有以下几种。

（一）白碧桃

花径为 3～5 cm，白色半重瓣，花瓣为圆形或椭圆形。

（二）撒金碧桃

花径约为 4.5 cm，半重瓣，花瓣为长圆形，常呈卷缩状，在同一花枝上能开出两色花，多为粉色或白色，还有的为白花瓣上嵌合粉色条斑或粉色花瓣上嵌合白色条斑。

（三）千瓣红碧桃

花瓣轮数在三轮以上，外轮花瓣为粉红色，内轮花瓣为红色，呈皱褶状。

（四）垂枝碧桃

枝条柔软下垂，花重瓣，有浓红、纯白、粉红等色。鸳鸯桃，花复瓣，水绿色，花期较晚。

（五）满天红

满天红为花、果两用的观赏桃花品种。花重瓣、蔷薇型，花蕾红色，花红色，花径约为 4.4 cm，花瓣轮数为 4～6 轮，花瓣数为 22。花丝为粉红色，花丝数为 45，花药为橘红色。果实大，平均单果重约 120 g，果面约 50％着红色，果肉呈白色，软溶质，黏核，风味甜，丰产性好。

（六）人面桃

树形半开张，叶片较直立，着花中等密集。花为粉红色，重瓣，每花花瓣数为 39～51 片。花色鲜艳，有光泽，花性活泼，花期长，开花持续半个月以上。

二、绛桃

绛桃是碧桃的变种，桃花为落叶乔木。叶为椭圆状披针形，边缘有粗锯齿，无毛，叶柄长 1～1.5 cm。花单生，先叶开放，几乎无柄，多为粉红色，通常为 5 瓣。花期为 3—4 月，果熟期为 6—9 月。变种有深红、绯红、纯白及红白混色等花色变化，以及复瓣和重瓣种。

三、寿星桃

寿星桃又名矮脚桃，是桃的变种，树矮小，枝粗叶密，花大色艳。花色有红、白、粉等，复瓣，能结果。株矮花密，很适宜盆栽，加之能挂果，既能观花，又能赏果。如果将其花期调节在春节开放，更显娇艳媚人，是深受大家青睐的盆栽花木。

四、菊花桃

菊花桃因花形酷似菊花而得名，是观赏桃花中的珍贵品种，为蔷薇科李属落叶灌木或小乔木。树干呈灰褐色，小枝呈灰褐至红褐色，叶为椭圆状披针形。花生于叶腋，为粉红色或红色，重瓣，花瓣较细，盛开时犹如菊花。花期为 3—4 月，花先于叶开放或花、叶同放。花后一般不结果。菊花桃植株不大，株型紧凑，开花繁茂，花型奇特，色彩鲜艳，可栽植于广场、草坪以及庭院或其他园林场所。菊花桃可盆栽观赏或制作盆景，还可剪下花枝作瓶插供人观赏。

第四章　良种苗木繁育

桃树是多年生的木本植物且具有相当的经济价值，苗木质量的好坏，直接影响栽植的成活率、生长的快慢、结果的早晚和产量的高低，并且对适应性和抗逆性的强弱也有一定影响。因此，在桃树生产中应认真研究繁育技术，针对不同区域选择适宜的优良砧木和接穗品种组合，培育优质苗木，以满足生产的需要。育苗时应根据生产的具体要求，确定好发展数量和重点发展的品种，有计划地进行苗木繁育，防止苗木生产的盲目性。

第一节　苗圃的建立

一、苗圃地的选择

（一）土壤条件

（1）桃苗对土壤条件的反应较敏感，苗圃地应选择地下水位较低、排水良好、土层深厚、有机质含量较高的沙壤土或轻黏壤土为宜。

（2）过于肥沃的土壤苗木易徒长，而土壤排水不良、土质黏重的必须加以改良，否则不宜作苗圃地。

（3）必须注意前茬若为老果园或老桃园，以前育过桃、李、杏等核果类苗木的土壤不宜作苗圃地，目的是避免土中因残毒物质或危险性病虫害，如根瘤病、线虫等危害苗木生长。根瘤病会侵害苗木生长，抑制苗木的正常生长，甚至导致苗木死亡造成损失，所以必须在育苗前对土壤进行严格的选择和处理。

（二）水源条件

苗圃地要靠近水源，保证有充足的水源且水质无污染。

（三）坡度条件

苗圃的地面坡度以 2°～3°为宜，这样既避免了积水问题，又可防止水土流失。

（四）管理方便

苗圃地要求交通方便，最好距离生产、生活的地方都较近，便于往返，这样有利于苗圃的管理。

（五）方位条件

苗圃地要避风、向阳，还要避开人畜经常活动的地方。

二、苗圃地的整理

新选定的苗圃地如不能具备前面所述所有条件，则必须经过土壤整理和改造方能育苗。

（一）平整土地

清除苗圃地范围内所有的杂树、杂草、石块等，并对地面进行平整，使之宽敞、平坦，便于耕作、灌溉和运输。

（二）深耕熟化

首先，每亩施入 2500～3000 kg 腐熟的有机肥，以此改良土壤理化性质，提升土壤肥力。如以绿肥、堆肥、厩肥等作为底肥或基肥，然后进行深耕细耙。深耕深度一般为 25～30 cm。将土壤耙细耙平，有利于种子发芽。采取这些措施能为苗木根系生长打下良好基础。

（三）整地作畦

苗圃地需要反复进行旋耕，直至土细畦平。因成都地区雨水较多，土壤又较黏重，所以苗床需作高畦，以便于排水。畦床的宽度一般为 1.2～1.4 m，畦床高度为 15 cm 左右，长度根据田块大小而定，畦沟宽约 0.5 m。

旋耕时如未施底肥，可在整地作畦时补施。底肥以腐熟的土杂肥、人畜粪、饼肥等农家肥为好。为防治蝼蛄、蛴螬、地老虎、金龟子幼虫等地下害虫，还可施入适量的杀虫剂。

第二节 砧木苗的培育

优良的砧木应具备良好的亲和力，利于接穗生长结果，能适应当地的气候、土壤条件，具有抗逆性和抗病性强、易繁殖的特点。目前常用的砧木主要有毛桃和山桃两种。

一、砧木的选择

（一）毛桃

成都桃产区常以毛桃作为砧木使用。毛桃与栽培桃品种的亲和力强，嫁接成活率高，寿命较长，根系发达，较耐干旱和瘠薄，较适应温暖多雨的潮湿气候。

（二）山桃

山桃具有主根深、耐寒力和耐旱力强、耐盐碱和瘠薄、适应性强、寿命长的特点。但耐湿性差，北方使用较多。

（三）GF677 桃砧木

近年来，由国外引进的 GF677 桃砧木，抗再植病效果好。在龙泉山和丘陵区紫色页岩土壤上种植，对克服重茬再植障碍、碱性土壤缺铁性黄化病有显著效果。

二、实生砧木的培育

（一）采种

选择生长健壮，基本无病虫害的毛桃树作采种母株。在采种母株上的果实充分成熟时，对其进行采收。采收后进行沤堆，令果肉腐烂后取种子。沤堆期间要常翻动，保持温度在 25℃～30℃，当堆积温度超过 30℃时，易使种子失去生活力；3～5 天后，果皮软化，装入箩筐，用木棒搅动、揉碎，加水冲洗。捞去果皮、果肉，用水冲洗直至除去果胶和杂质。清洗后置于阴凉通风处阴干，注意按时翻动防止霉变，阴干后即可贮藏。

一般生产上，种核从外地购买。

（二）种子贮藏

毛桃种子必须经过一段时间的后熟才能萌发，后熟时间通常为 100～120 天。后熟期内，种子仍在进行生理代谢，要保证一定的低温、水分和空气。如在秋季播种，要让种子就在苗圃地里自然后熟，第二年春天才能正常发芽；如在春季播种，需要在上一年就将种子进行低温沙藏处理，才能顺利后熟。

沙藏法是后熟种子和保存种子最常用的方法。沙藏的温度以 2℃～8℃为宜。11 月下旬，在阴凉通风的室内或室外，首先在地面铺上一层厚 10 cm 左右清洁的湿沙（河沙可加入 0.5%～1% 的杀菌剂消毒，河沙湿度在 5%～10%为宜，即手握成团而不滴水、松手后会自然散开为宜）。然后，将阴干的种子与等体积 5 倍的湿沙混合，拌匀堆放。种子数量较多时，可根据当地冬季的气候情况，在室外背阴干燥处进行地面层积或挖沟层积，但要注意排水，保持湿度。

种子堆放期间，要定期检查、适当翻动，以免种子在河沙中发热或霉烂，导致发芽率降低。沙藏种子的日期，取决于种子沙藏所需要的时间和当地的播种日期，因此过早或过晚都不利于砧木苗的生长。

（三）播种

1. 播种时间

播种可分为秋播和春播。秋播一般在 11 月份进行，种子可不经沙藏处理，浸入水中 10 天左右便可直接播种。春播在 1 月下旬至 2 月下旬皆可进行，但种子需经沙藏处理。

2. 播种量的确定

播种量要根据种子质量的好坏而定。如种子质量差，则应增加播种量。一般毛桃种子每千克为 300～400 粒，每亩用量为 40～50 kg。如果幼苗需间苗则播种时应根据实际情况适量增加播种量。

3. 播种方法

种子可直接点播，也可撒播集中育苗，出苗后再移栽。前者桃苗主根保存完好，未受机械损伤，根系感染根瘤病少；后者由于集中育苗移栽时主根受伤,易感染根瘤病。

(1) 直播法。

在入冬前,将种子浸水 5~7 天,取出后在 11 月直接播种,在土壤中完成类似沙藏的过程。直播前需做畦,施足基肥。

直播法多采用宽窄行条带点播。具体操作如下:①在 1.2~1.4 m 宽的畦面上顺畦面行向开沟 4 条,按窄行行距约 25 cm、宽行行距约 40 cm 开播种沟,沟深为 5~6 cm。②在播种前向沟内浇水,待水下渗、土不黏手时播种。③将桃核一粒粒放入沟中,桃核间距为 3~5 cm。每亩播种量为 40~50 kg。种播完后,覆 3~4 cm 厚的细土。④覆完土就在畦面上盖地膜,能起到保湿升温的作用,做到提早出苗并出苗整齐。畦面覆盖有地膜,需注意经常查看种子的萌发情况,一旦发现 60% 左右的种子幼芽微微露出地面时,应立即揭开地膜。

(2) 撒播法。

入冬前,将种子浸水 5 天后直接撒播。具体操作如下:①将种子均匀撒在 1.2~1.4 m 宽的畦面上。②播种完毕,覆 3~4 cm 厚的细土。③覆完土就浇一次细水,使种子与土壤紧密结合。④在畦面上盖地膜,能起到保湿升温的作用,做到提早出苗。⑤之后管理同直播法相同。

三、播种后砧木苗的管理

(一) 浇水保湿

在土壤缺水时,应及时浇水,使土壤保持一定湿度。

(二) 直播苗圃炼苗

当早春气温回升早,地膜内气温达到 30℃以上,或见地膜内杂草有灼伤现象时,要提早揭膜炼苗。

(三) 移栽、间苗和补苗

1. 移栽

采取集中育苗的苗圃,应在出现 1~4 片真叶时进行移栽并注意:

(1) 移栽时剔除弱小苗、病虫苗。

(2) 移栽前要整理好培养砧木苗的苗圃地。

(3) 最好选择在阴雨天、早晨或傍晚移栽,太阳光强烈的天气不宜移栽。

（4）拿小苗时，不要伤害苗茎，尽可能保留种子在幼苗根部。

（5）带土移栽和不带土移栽均可，移栽时根系蘸含生根剂的泥浆水。起小苗时不要直接用手拔，应用铲来起苗。

（6）栽植的深度与原来起苗前小苗生长的深度一致，过浅不利于成活，过深不利于幼苗生长。

（7）将小苗放入土后，应用手将苗按紧，使土壤与根系充分接触，有利于提高成活率。不能用力过猛，否则会伤害根系。

（8）栽植后应立即灌足定根水，使土壤湿润并与苗根系充分接触。在太阳光强烈和气候干旱时，用遮阳网搭阴棚防晒保湿，提高苗木成活率。

（9）移栽的苗木数量应比计划的数量多出 5%～10%。

2. 间苗和补苗

直播苗圃，当幼苗出齐后，应尽早间苗，除去有病虫害、过密或生长弱的幼苗，以保证苗木的质量。间苗可分两次完成，第一次在幼苗出现 3～4 片真叶时进行，第二次应在苗高 10～15 cm 时进行。第二次间苗又叫定苗，定苗后株距大致为 10～12 cm，亩留 15000～20000 株。如缺苗时，可及时移栽幼苗补齐。每次间苗时都要注意做好移苗补空，以保全苗。

（四）追肥

在幼苗期追施氮磷肥或清粪水一次，以促进苗木根系的生长。注意追肥量不能过大，否则易出现烧苗的情况。在苗木迅速生长前期应施清粪水或速效氮肥一次，中期施一次氮磷结合肥。总之，追肥应依据土壤肥力和苗木生长状况来确定。

（五）病虫害防治

幼苗易感染猝倒病，可用 50% 多菌灵 600～800 倍液或甲基托布津 600～800 倍液进行喷雾处理。

（六）中耕除草

幼苗长出后要及时松土，结合中耕将杂草除净，使苗木生长在无草、土质疏松的环境中，以保持苗木的生长优势。除草时要除早、除小、除少。

中耕时注意勿伤幼根。中耕深度应根据苗木生长情况而定，小苗要浅耕约 2 cm（即破土皮），随苗木长大逐渐加深到 5 cm 左右。

（七）切根

采取直播的桃砧木需要进行切根处理，促发侧根和苗木充分增粗生长、木质化。宜在苗木迅速生长末期、木质开始硬化时进行。在小苗的两侧用小铲斜向下切下，切断主根和过长的侧根。

第三节　嫁接苗的培育

一、嫁接时间

在成都地区，桃苗在砧苗冬季落叶后到次年春季萌芽前均可嫁接。生产上一般提倡秋季采用芽腹接法，春季采用枝切接法进行补接。

二、接穗的准备

根据嫁接数量的需求，采集足够数量的接穗。要选择树势健壮、品种纯正、丰产性好、无病虫害的桃树作为采穗母树。采集树冠外围、生长充实的1年生发育枝作接穗，用枝条中段饱满的芽进行嫁接。如在夏季进行绿枝芽接，接穗应选用当年抽生的嫩枝，以 0.3~0.5 cm 粗的结果枝或生长枝为宜。剪去叶片，保留叶柄并挂好品种标签，以随采随用。短期保存应放在室内阴凉处，并将接穗下端浸在 3~5 cm 的浅水中。

三、嫁接方法

在成都地区，桃苗嫁接的常用方法主要有芽腹接法和枝切接法两种。为了防止品种、单株间的病毒感染，嫁接前应用 5% 漂白粉或 1% 次氯酸钠对用具进行消毒。

（一）芽腹接法

芽腹接法也称芽接法，其优点是成苗快，愈合容易，操作简便，工效高。在 5 月中下旬至 6 月上旬可采用绿枝芽接，当年秋冬就可移栽；在秋季可采用芽接法进行嫁接。

在 5—6 月，接穗芽发育成熟，砧木已达嫁接粗度，形成层活跃，树皮易于剥离开时开始进行绿枝芽接。绿枝芽接可实现当年播种、当年嫁接、当年成苗，出圃的苗木称为三当苗。而秋季在 10—11 月落叶前进行芽接，嫁接成活后当年不会萌芽，出圃的苗木称为半成苗或芽苗；也可以经过次年一个生长季，秋季落叶后出圃的苗木称为 1 年生苗。

1. 削芽

取出质量好的接穗，选取中部位置，在接穗上从芽下方 1 cm 处下刀，向上平削 1.5 cm 左右长的芽片。芽片要薄而平，只在芽处稍带木质部，保留芽处叶柄，再在芽上方横切一刀，取下芽片。

2. 削砧木

嫁接前，剪除地面 10 cm 范围内的分支，保留基部 5 片，不剪砧，于砧木距地 6~8 cm 的平滑处，尽量选表皮光滑平直、面向北面，有风吹袭的圃地，切口选用向风面，减少接芽抽枝后的损失。选好切口位置，在皮层内稍带木质部向下直切一刀，长 2~3 cm。

3. 插芽片及绑缚

将芽片插入砧木内，使砧、穗上方横切口对齐。用嫁接膜捆缚紧，将叶柄及芽露在外面。两周后如接口部位明显出现愈伤组织，接芽眼呈碧绿状，就表明已经接活。如秋季芽接不准备培养成苗，砧木在距地面 2~3 cm 处横切，方法与 5—6 月芽接法相同。

（二）枝切接法

枝切接法也称枝接法，其优点是发芽快而整齐，生长健壮，接口愈合快、愈合好。在砧苗落叶后到第二年萌芽前均可进行，即 11 月到次年 3 月初均可进行。嫁接成活的苗木经过一个生长季，于秋季落叶后出圃，称为 1 年生苗。

1. 削接穗

削接穗时，以左手拿接穗，右手拿刀。在接穗上选 1 个壮芽，芽下约 1.5 cm 处斜向前削成 45°角的一个较小的"马耳"形斜面。将接穗翻转一面，在芽下选平直的一面，稍带木质部直切一刀，长约 2 cm。削面必须平滑，切到形成层，形成一个较大的平面。最后将接穗侧转，在芽点上约 0.5 cm 处用刀将其削断。可取 2~3 个芽的枝段，也可取一个芽的单芽。

2. 削砧木

在砧木离地面 5~6 cm 处，选一个较光滑的面斜剪断砧木。选择砧木平滑的侧面，对准皮层和木质部交界处稍带木质部向下直切一刀，长 2～3 cm，要求切口略长于接穗削口。

3. 放接穗及绑缚

把接穗的长削面贴在砧木削面上，必须使砧、穗的形成层相互对准，将砧木削面的皮层包上，用塑料薄膜捆紧，将砧木创面全部包完，以免伤口蒸发失水，影响成活。

（三）嫁接成活的关键

嫁接前遇到天旱时，要灌足水再嫁接，否则成活率低；嫁接后不宜灌水。接穗要放在盛水的小水桶内，桶内水深约 3 cm，盖上湿毛巾以保持接穗新鲜。一次带入田间的接穗最好在半天内用完。

四、嫁接苗的管理

为了早结果、早丰产，加强嫁接苗期的管理，培育壮苗是非常重要的环节。

（一）检查嫁接成活率

桃芽嫁接后 7～10 天即可检查成活情况。凡接芽新鲜，叶柄一触即落者，即表明已经嫁接成活；相反，凡芽体干瘪、发黑，叶柄不易脱落者，即表明未成活。未接活，可及时补接，也可在第二年春季补接。

（二）松绑

芽接后 20～25 天即可松绑，松绑过晚会影响嫁接口处增粗生长并使绑扎物陷入皮层，甚至使芽片受伤。松绑时，只需将芽片背面的活口拉松，即可拿掉绑扎物。也可用芽接刀在接芽背面的绑扎物上纵向划一刀，即可使绑扎物自然松散脱落。

（三）剪砧

采用芽接法的嫁接苗需要进行剪砧。夏季芽接 2～3 天后，在接口上部0.5 cm 处向外剪除砧木，剪口呈"马蹄"形，以利伤口快速愈合。秋季嫁接成活的桃苗，在第二年 2 月下旬至 3 月上旬接芽萌动时剪砧。从接芽上面伤口以上 2～3 mm 处剪断，剪口斜向接芽背面，这样既剪除了砧木，又剪断了嫁接用的薄膜。

（四）抹芽除萌蘖

剪砧后，地上和地下部分严重失调。接芽以下砧木上发出大量嫩芽，为保证把砧木根系储存的营养物质集中地供给接穗，使接穗旺盛生长，要及时抹芽，以免妨碍接芽的生长。每隔15~20天抹除一次，进行2~3次。

（五）中耕、除草、追肥

苗木生长前期，应采取一定措施以促进幼苗加速生长，扩大根系，增加枝叶量。中耕、除草、追肥必须及时进行。苗圃草荒是苗木生长的大敌，所以必须及时除草。苗木的追肥视苗木生长情况和土质而定，若苗木生长差，土壤肥力差，则须多次追肥。对弱小苗要加强管理，以便苗木生长整齐。生长后期要控制大肥、大水，可根外喷雾（以磷酸二氢钾为主的肥料），促使枝干木质化、组织充实，增加物质的积累，为建园栽培奠定基础。

（六）病虫害防治

桃苗的生长发育过程中会受到梨小食心虫、蚜虫、红蜘蛛、刺蛾等的危害，应根据病虫害发生情况及时进行防治，确保桃苗健康成长。

第四节　苗木出圃

苗木出圃是桃树育苗的最后环节，出圃操作质量的好坏会影响苗木定植后的成活率、幼树生长势、投产的早晚。因此，要做好苗木出圃的前期准备工作，严格执行起苗标准，做到快起、快运，提高定植成活率。

一、出圃前的准备

苗木出圃前，应对苗木种类、品种、各级苗木数量等进行调查和统计。准备好包装、起苗、消毒、标签等工具和药品。根据需用单位的要求制定出圃计划和操作规程。并提前联系运输，保证及时装运，以确保苗木成活率。

二、苗木起挖

起苗时间分春、秋两季，秋季在11月苗木落叶后即可进行，春季应在萌芽前进行。挖苗时要尽量保持根系完好或少伤根。土壤过干的苗地，出圃前应先灌水后起苗，以免起苗时损伤过多须根，待土壤稍疏松后起苗。挖出的苗木要保持根系湿润。

三、桃苗出圃规格

出圃苗木要求品种纯正，根系发达，1年生苗要求：有主侧根3~4条，侧根分布较好并有较多的须根；茎干粗壮，成苗后茎干组织充实，节间均匀；达到一定高度，芽子饱满，整形带内有3~5个有效芽，嫁接部位愈合良好，无严重病虫害。

四、苗木包装、运输

苗木挖出以后，按品种规格分类分级，一般按50~100株扎成一小捆，根部蘸泥浆水，并用塑料薄膜包裹，以保持根部湿润。挂上标签即可装车运输。

苗木运输应尽量选择运输时间短的方式。若运输距离较远，运输过程中要经常检查苗木包中的湿度，若湿度不够应及时适量喷水。运输途中严防日晒雨淋，到达目的地后立即下苗并存放至阴凉通风处。

第五章　标准化建园

桃树是多年生木本植物，一旦定植下地后，就要在同一地点生长结果数十年。因此，建立桃园时需谨慎考虑，建园前需对当地自然生态条件、社会经济状况和民风民俗等作详细调查，然后再确定园址。园址选定后，制定相应的规划设计方案并按照方案做好建园施工，为定植桃树做好准备。

第一节　园地的选择

桃园位置的选择，需根据气候、土壤、地形、水源等具体条件来确定。

一、气候条件

桃南方品种群一般适宜的年平均温度为 12℃～17℃，应选择在冬季休眠期低于 7.2℃以下、低温需冷量较低的品种。年日照时数在 1000 h 以上，年降雨量在 800～1200 mm 的地方均可进行栽培。

二、土壤条件

桃园土壤质地以排水良好、土层厚度在 60 cm 以上、土质疏松肥沃、地下水位 1 m 以下的沙壤土为好，pH 在 5～7 为宜，盐分含量≤1 g/kg，有机质含量在 1％以上，并且前茬未种过桃、杏、李、梅、樱桃等核果类果树的土壤最适宜种植桃树。

三、地形选择

桃树喜光，建园时宜选择山地或丘陵地，以阳坡和坡度在 15°以下者栽培为宜。因为山地、坡地通风透光、排水良好，桃树病虫害少，树体健壮、寿命长，果实色泽鲜艳、糖分含量高、风味好、品质好、耐贮藏。而平坝地区由于地下水位高，桃树更容易流胶，造成树体早衰，甚至毁园。因此，原则上成都地区宜选缓坡或山地栽植桃树，不提倡在水稻田、低洼地建园。

四、水源条件

桃树较其他果树耐旱，但在干旱时必须有充足的灌溉水源。果园灌溉用水质量应达到《农田灌溉水质标准》（GB 5084—2021）要求时方可使用。

第二节　桃园的规划

建立现代桃园，首先要做好完整的规划。果园规划应遵循因地制宜、相对集中、统筹安排的原则，规划的主要内容包括小区及道路系统规划、排灌系统规划、防护林的规划、建筑物的配置。现代桃园不仅只生产美味可口的果品，还是观光休闲的佳地。在现代桃园内增添绿植和登山步道、休闲亭及娱乐设施和场地，能够更好地促进乡村旅游的发展。

一、小区的划分

小区是桃园生产作业的基本单位，应按地形、土壤情况，结合园地的地形地貌、道路、排灌系统的设置，将桃园划分成若干个生产小区。山地桃园，小区的划分应依地形而定，一般以坡、沟为单位进行划分。坡面大的，也可分成几个小区。坡地建园时，要重视水土保持，根据具体地形、地貌特点进行"坡改梯""斜改平""薄改厚"，使其长边与等高线平行。平地建园时，宜以长方形划小区，尽量使其行向朝南北方向，以利于机械操作和运输。小区面积一般以 30~50 亩为宜。

二、道路系统规划

为了便于肥料、农药、果品的运输车辆和机械（具）设备行走，必须修筑园区道路。园区道路主要由主路、支路和小路组成。

（一）主路

主路是大型果园内的运输主道，用于连接公路和园内支路，要求位置适中，一般环山而上，或呈"之"字形贯穿全园。主路外与公路相连，内与各支路相通。主路须能通大型汽车，坡度不能超过 7°，基本路基宽约 7 m，路面宽约 6 m，转弯半径不低于 15 m。

（二）支路

支路是连接主干道与果园各个小区的机械运输道，要求路基宽约 4 m，路面宽约 3 m，转弯半径不低于 12 m，须能通过小型汽车和农机具。可根据需要沿坡修筑，具有 0.3% 的比降，既可区间分界又能运送肥料和产品。中小型果园可以只规划支路，不规划主干道，只需满足支路与果园附近的公路可连接。

（三）小路（作业道路）

小路是连接主干道或支路与果园各个地块的简易道路，一般宽 2~3 m，便于进入园地内管理。山坡地桃园，按面积和坡高设计环山的主干道，依坡势设计田间道，以便形成道路网，便于运输和作业。小型果园可只规划便道，由便道与附近的公路相连接。

（四）园区道路规划要求

1. 主干道和支路规划的原则

主干道和支路规划的原则是利于机械化操作，节省劳动力。通常果园内任何一点到最近的主路、支路或附近的公路的距离不超过 150 m，特殊地段不超过 200 m。小路（作业道路）的规划密度为果园内任何一点到最近的道路距离不超过 40 m，特殊地段不超过 60 m。

2. 充分利用已有道路

在规划道路时，应将已有道路纳入果园道路框架，对达不到标准的路段进行改建。道路要尽可能与村庄相连。

3. 避免建设大型道路工程

道路的路线选择，原则上应尽量避免需要大量挖方填方、修建桥梁的地段。

4. 尽量利用结实地基作为路基

在不明显影响道路整体布局的前提下，道路要尽量在结实地基上通过。

5. 尽量采用闭合线路

主干道和支路应尽量规划成循环闭合线路，少规划盲道，支路为单行道。

需要在视线良好的路段适当设置错车道。

三、排灌系统

排灌系统由蓄水设施、排水设施和灌溉设施三部分组成，基本要求是雨水过多时能及时排出果园，土壤不随地表径流而流失，不形成园内积水，干旱时能保证充足水源抗旱。

（一）蓄水设施

充分利用现有塘堰蓄水，无塘堰区域选择环山凹地修建塘堰蓄水。若有河流，可规划引水蓄水灌溉。结合自流浇灌，坡地桃园应在全园地势最高处修建蓄水池，以灌溉更大的面积，并在蓄水池上方雨水入口处建设沉沙池。高位蓄水池须配套建设提灌设施，蓄水池建造体积依据来水量和灌溉面积进行估算。在成都浅丘季节性旱区建园，每亩桃园应有 20 m³ 以上的水作保障。若水源足，每一次浇水后能及时补给，蓄水池的蓄水量可减少；反之，则应增加蓄水能力。

（二）灌溉系统

1. 主渠和支渠

主渠位置宜高，可灌溉面积要大，应设在分水岭地带。兼顾小区的形式和方向，与道路系统相结合，主渠须有 0.1％比降，支渠须有 0.2％比降。宽度、深度根据流水量具体确定。

2. 灌溉管网

现代规模化果园一般安装 PE 管道进行输水灌溉，由主管和支管组成基本的水管网，将水输送到每块小区。在此基础上，增设毛管、喷头或滴头就形成基本的滴灌系统，能够进行简易的水肥一体化管理，既实现节约用水，又可降低生产成本，提高种植效益。

四、排水系统

果园排水系统应与自然水沟相连，排水设施主要包括拦山沟、排洪沟、排水沟、梯地背沟和沉沙凼，主要作用是在下雨时防止洪水冲刷果园并及时将多余的雨水排到园外，降低地下水位以防止果园积水。低洼地和平地桃园在短期内大量降水，本园或园外地表径流来水多、土壤透气性差、地下水位高等情况下，排水系统尤为重要。排水沟的比降一般为 0.3%～0.5%。低洼地排水沟宜布设得宽、深一些。

（一）拦山沟（背沟）

山地或丘陵果园上方有较大的集雨面时，易塌方毁园，需要在果园上方设置拦山沟，将洪水拦截并引至排水沟排出果园。可根据果园上方集雨面的大小设定拦山沟的规格，通常拦山沟的宽度为 0.5～1.0 m，深为 0.5～1.0 m。在拦山沟旁修建沉沙凼或蓄水池，可以同时起到沉沙和蓄水的作用。

（二）排洪沟

排洪沟是果园的排水主沟，用于汇集拦山沟、排水沟等的来水，将其排到果园外。排洪沟通常位于果园的最低处。各种地形在经过大自然长期冲刷后，都会在低处形成自然的排洪沟。在建设果园时，可利用自然地形形成的排洪沟，加以完善、适当整治即可。

（三）排水主沟

在平地果园，排水主沟一般与果树种植的行向垂直或沿主干道和支路设置，一般排水沟或行间排水沟与果树种植行向平行。排水沟设置密度根据果园土地排水性能，每隔 1～4 行设置一条排水沟。排水主沟应在每个作业小区（20～40 亩）配置 1～2 条，一般深度在 1 m，宽度在 0.8 m 左右，大部分排水主沟要进行硬化处理。

（四）梯地背沟

梯地果园在梯壁下设置背沟，一般每台梯地都应设置一条背沟。背沟不能紧靠梯壁，应距梯壁 30～60 cm，否则容易使梯壁倒塌。背沟不长的在出水口设置沉沙凼，背沟长的每隔 20～30 m 设置一个沉沙凼。丘陵果园，可在背沟旁设置 1 m 的小蓄水池代替沉沙凼，以同时起到沉沙和蓄水的作用。

（五）沉沙凼

在山地、陡坡等水土流失比较严重的果园中，沉沙凼的设置是必不可少的。排水沟、背沟旁都应有沉沙凼。

五、建筑物的配置

桃园内通常要配建管理用房，用于农机具、生产性农资等的保存，以及配建配药池、配肥泵房等生产设施。其建设面积根据园区大小而定，建筑物设在交通便利、管理使用方便、水源充沛的地方。管理用房是果园生产人员和管理人员的生活场所，包括办公地和住宿等。仓储库应设在阴凉通风处，药械、肥料、果品分区堆放。若有规划粪池和沤肥坑，应设置在路边以方便运送肥料。有条件的地方也可修建养殖场地，采取种养立体循环农业，走可持续发展之路。

六、防护林的规划

在山顶和15°以上的陡坡和急坡，应营造乔灌结合的水源林，以便为果园涵养水源。在山脊和山谷风口地带，应营造疏透型防护林，以起到降低风速、减少土壤水分蒸发、保持水土、调节温度、削弱寒流的作用。

防护林的有效作用范围与林带结构、树种组成、树体高度、果园地形等因素有关。防护林越高，防护范围越大。防护林应选用生长快、寿命长、树冠紧凑、根系深、适应性广、种子少，且与桃树基本无共同病虫害的树种。在配置树种时，还应注意乔木与灌木相结合，落叶树与常绿树相结合。树种可采用杉树、柏树、杨树、梧桐等。

七、完善观光辅助设施

高效生态观光型桃园是现代桃园功能化发展的主要方向，其不再单一地以生产果实为主要目的。在建园规划时，还应将园、林、路，生态循环农业、观光旅游农业等进行统一规划，以果树种植为主体，完善园区内相应的绿植景观、登山步道、观景塔、休息亭、农家乐等休闲娱乐的基础设施和场地建设。在赏花品果季节，既可供人参观娱乐，又实现农业生态旅游观光的自身价值。素有"中国水蜜桃之乡"美称的成都龙泉驿，几乎每年都会举办桃花节，前来赏花游玩的游客不断，果农收入十分显著，为园区的可持续发展创造了良好条件。

第三节　品种选择与配置

桃树品种繁多，在选择时不能"盲听、盲信、盲从和贪便宜"，应充分做好调研工作。选择桃树品种时，既要参考当地自然环境条件、市场消费习惯、消费能力和交通运输条件，还要考虑品种的成熟期、抗病抗虫能力、丰产性、果实耐贮运能力等，综合选出"适栽、适时、适口、适量"的优良品种种植。品种选择的依据主要有以下几个。

一、适应当地的自然环境

要选择能充分适应当地环境的品种。每一个品种，只有在适宜的生态环境条件下才能表现出应有的经济价值，发挥最大的经济效益。如在成都地区种植油桃，尽量选择成熟期在 7 月暴雨季来临前的品种，这样可以错开雨季，减少裂果现象的发生。

二、迎合当地市场消费的习惯

品种选择时要与市场习惯相适应。果园所在地的人口、交通、经济状况等都决定着对桃果的需求量和需求方式，从而影响着对品种的选择。在德阳中江，早熟油桃比水蜜桃更受消费者青睐；而在成都龙泉驿区，受品牌效益影响，水蜜桃占据了当地桃市场 95％以上的份额。部分经营农家乐的农户，桃花旅游经济收入远高于鲜果销售收入。因此，在交通便利、消费水平较高的城郊可适当发展花期长、花色鲜、花朵大、花瓣多的观赏鲜食两用桃品种（如锦春、贺春等）。

三、配置不同成熟期的品种

桃果以鲜销为主，大多不耐贮运。为了延长市场供应期及调配劳力和贮运加工能力，早、中、晚熟品种应适当配置。在品种安排上，应以 10～15 天间隔成熟的品种作为配置标准。一般果园主栽品种选择 1～3 个，不宜过多、过杂。要选择未来一段时间内不会被市场淘汰、畅销的优良品种。

受气候条件影响，成都地区桃品种的成熟期较同纬度其他地区早 15 天左右，因此品种成熟期应以早熟为主。但在配置品种时，应优先选择高糖型早熟水蜜桃品种（如紫玉、红玉、早黄玉等）或抗裂果的早熟大果型油桃品种（如中油 18 号、金辉等），适量配置品质优良的中晚熟品种。

距离城市较近或交通方便的园区，品种配置应以早熟和中熟品种为主，适当搭配晚熟硬溶质的品种，这样有利于延长市场供应期。交通不便或区域经济欠发达、远离城市的果园，应主栽优质耐贮运的中晚熟品种，以便采收后运往外地贮存或销售。

四、配置适当的授粉品种

大多数的桃品种有自花结实能力，单一品种就可基本上满足结果的要求。但异花授粉可明显提高结实率，增加产量。而对于某些没有花粉、花粉少或自花授粉结实率低以及少数在某些年份无花粉的品种（如松森、锦香、凤凰桃等），则必须配置授粉品种。授粉品种应具备花粉多、与主栽品种花期相遇，授粉亲和力强、本身也丰产优质等条件。主栽品种与授粉品种的比例可以为 3∶1~4∶1，采用成行排列或分散间插等栽植方式都有利于提高坐果率。

第四节　起垄建园

成都地区年降雨量较多，尤其是夏、秋季节雨水集中，往往对桃树造成严重涝害，流胶病的发生十分严重，对桃树的产量和品质都产生了严重的影响，甚至出现死树的情况。因此，采取起垄栽培，对防止桃园积水、培肥土壤、改良土壤结构及为根系生长创造良好生长环境具有重要意义，将会显著提升产量和品质，延长结果年限。

一、去杂与平整土地

在荒坡地建园时，需先清除园区内的杂木林或杂草，再用机械平整或深翻土壤。改造土壤时，要做好水土保持工作，并根据具体地形和地貌特点进行坡改梯、斜改平、薄改厚。原则上，相邻的缓坡地块落差在 1 m 以内应尽量连成一片；坡度≤15°，自然沿坡向成斜面。整地时不能将表层土用来修筑道路、护坡、填埋低洼处等，应将表土复原用于种树。

二、土壤改良与培肥

根据土壤肥力情况确定有机肥用量,浅丘区土壤较贫瘠,采取集中施肥的方式,即在定植带内撒施肥料。按每亩全园施入 2000~5000 kg 腐熟有机肥,如条件允许,可加大有机肥使用量,同时加入 200~300 kg 过磷酸钙,然后用挖掘机将肥料与表土混匀。如有作物秸秆的园地,结合起垄将作物秸秆就地深埋入地。

三、聚土起垄

(一) 放线

放线前,先确定种植行向。平地及 6°以下的缓坡地栽植行向应根据地形而定,垂直或斜交于道路。坡度在 6°~15°的山坡地和丘陵地,栽植行向线沿等高线延伸。

行向确定后,先在与行向垂直的方向用石灰粉划一条直线,再垂直于所划直线按株行距依次划出行向线。目前主推宽行窄株方式定植,行距通常为 4~5 m,行间过道为 2~3 m,以便机械作业。

(二) 起垄

聚土起垄主要采用挖掘机进行。挖掘机将其中一根履带先与行线齐平,并在起垄位置(定植带 2 m 宽幅范围内)进行深松土,深度为 20~40 cm,使撒在定植带上的基肥与底层土混合。再将行间 3 m 范围内的表层沃土(15~20 cm)聚集到定植带上,直到垄高为 40~50 cm、垄面宽度为 2 m 时(由于起的垄是台体,截面是梯形,因此垄面宽度为 2 m,垄底宽度为 2.5~3.0 m;垄沟上部宽度约为 3 m,垄沟底部实际只有 2~2.5 m),形成长条形的"瓦背形"的垄厢。

平地、低洼地及地下水位高的地块厢沟深度需达到 60 cm,行间还可挖排水沟;地势较高的干旱地块厢沟可适当降低,深度为 40 cm 左右。垄间推平整,便于田间管理操作和生草。

第五节　苗木定植

一、定植时期

桃树一般在自然落叶后至萌芽前（11月上旬至次年2月下旬），均可定植。

二、定植密度

定植密度通常根据土壤肥力、地势、品种而定，一般土壤浅薄的坡地比肥沃深厚的平地密，树冠直立的比开张的密，树势弱的比树势旺的密。桃树幼龄期应适当密植，以提高土地利用率，提高早期单产，以尽快收回生产投资成本。但随着树龄的增长、树冠的扩大，数量应随之变化，有计划地进行合理密植。三主枝自然开心形一般采用的株距为3~4 m，两主枝"Y"字形在生产上一般采用的株距为2~2.5 m，主干形一般采用的株距为1~1.5 m。

三、定植技术

（一）挖定植穴

垄起好后，先在与垄垂直的方向拉一根固定直线，用事前准备好的竹竿（长度与株距等长）从直线与垄交叉点开始，向垄两端逐个确定定植穴的位置，并钉上木桩或撒上石灰。以点为中心，再挖一个宽30 cm、深40 cm左右的定植穴。

（二）施基肥

在定植穴内，施入腐熟有机肥10 kg，过磷酸钙1 kg，回填5 cm左右的薄土。

（三）苗木准备

尽量选择整形带上有3~4个有效芽的壮苗木进行定植。苗木根系进行修整，过长的根系适当短截，破根和烂根需在破（烂）处进行剪断，病虫根从基部疏除。解除嫁接口薄膜，并将处理好的苗木放入 K84、百菌清、多菌灵等溶液中蘸根或浸泡 2～3 分钟，适量添加生根剂以提高定植成活率。消毒后，先把树苗按品种排放于穴内。

（四）定植

苗木放入穴内后，二人成组，分别对准株、行向。先用手扶直主干使树苗立起，再舒展根系。回土时，先填入表土，填至一半时，将苗木上提，并加以轻摇，使根系和土壤贴实。然后一边填土一边踏实，直至与地面相平，灌足定根水。待水下渗后，对浇水时裸露的根系重新覆土，轻轻踏实，保持覆土与地面相平，并将苗木的周围做成树盘。桃树定植不能太深，以苗木原入土深度为准，且必须露出嫁接口。

（五）覆膜

树盘做好后宜整垄覆盖的黑色地膜（黑膜）或防草地布，以保墒增温、提高苗木成活率，还能起到防治杂草的作用。

具体方法：对于无侧枝的单干苗木，可以直接在膜中央剪个小洞，使苗穿过后，再将其覆于树盘；对于有侧枝的苗木，以苗木为中心位置，将膜覆于树盘两侧，膜与根茎保留 3 cm 左右距离。在根茎处用土压实，避免黑膜接触根茎、敞口长草及防治热气灼伤嫩叶、嫩枝。然后，将黑膜四周用泥土压实，避免被风吹开，否则达不到覆土防草的作用。

第六节 定植当年管理关键技术

一、萌芽抽梢期（2—3 月）

（一）定干

栽植完成后，清除主干上的分支，对植株进行定干。采用三主枝开心形和"Y"字形，定干高度控制在 50～60 cm。

（二）病虫害防治

桃芽长至 2 cm 时，全株喷施 50％二代特（福美双）可湿性粉剂＋吡虫啉

1 次，防治缩叶病和蚜虫、绿叶蝉等。

（三）第一次抹芽

当新梢长至 3~5 cm 时，抹除树干 40 cm 以内的新梢和嫁接口以下全部萌芽。若植株偏矮或顶部未萌芽，应慎重抹芽，须至少保证有 2~3 个新梢。

（四）及时补水

2—3 月保持树盘土壤湿度，及时补水 1~2 次（不能加任何肥料），以保证树苗存活率。

（五）间作

提倡行间间作大豆、花生等矮秆作物，禁止种植高秆和藤蔓作物。

二、新梢快速生长期（4—5 月）

根据不同树形的要求，开展整形工作。下面介绍两大主枝"Y"字形的整形要点。

（一）第二次抹芽

4 月下旬，当新梢长至 20~30 cm 时，选留生长健壮、分支角度（与主干成约 45°夹角）和方位适宜（生长方向大致垂直于行向）的两个新梢作为永久性大枝培养；将其余长势强旺的竞争新梢抹（剪）除，其余中庸梢、弱梢全部保留，以增加树体叶面积，促进根系和树体的快速生长。

（二）第三次抹芽

5 月中下旬，当选留的两个新梢萌发二次梢后，抹除直立枝和下垂枝的二次芽，保留主梢两侧和背下二次梢。

（三）摘心

若主干上 40~60 cm 范围内未能萌发新梢，或者仅萌发 1 根新梢，或者从主干上 40 cm 以下部位萌发出来新梢，待新梢长至 60 cm 左右摘心，促发二次梢，重新培养树形。

（四）肥水管理

4月苗木成活后，待枝条长至 30 cm 以上长度时，开始追施淡肥水，每 7~10 天浇施一次。每次每株用尿素 25 g，加水 5 kg 稀释后进行穴施。提倡应用移动式液压施肥技术。

（五）病虫害防治

新梢长至 50 cm 左右长度时，全树喷菊酯类杀虫剂＋甲基托布津防治梨小食心虫、炭疽病等。

（六）果园生草管理

树盘覆盖黑膜，行间提倡合理间作或自然生草，当草长至 50 cm 左右高时就应机械割除，保留 5~10 cm 即可，禁止使用除草剂。

三、根系快速生长与枝条老熟（6—7 月）

（一）肥水管理

6月初—7月中下旬，每7~10 天追肥 1 次，施 0.3％含氮、磷、钾均衡型水溶肥，每株施肥水 10 kg。7月底停用氮肥，改用高钾高磷型水溶肥。

（二）病虫害防治

视情况，全树喷高效氯氟氰菊酯（或吡虫啉、毒死蜱）＋苯醚甲环唑（或甲基硫菌灵、百菌清、多菌灵等其他广谱性杀菌剂）防治梨小食心虫、炭疽病、穿孔病等。

（三）拉枝整形

7月将两个永久性主枝进行拉枝，调整角度（45°左右）和方位（垂直于行向）。

四、花芽分化期（7—8 月）

（一）注意排水

清理沟渠，保障园区排水条件，以防积水。

（二）病虫害防治

全树喷阿维·哒螨灵 300 倍+50％多菌灵 600 倍 1 次。

（三）第二次拉枝

第一次拉枝不到位的植株应继续拉枝整形。

（四）停梢促花

在 7 月中旬—8 月中旬，喷 1～2 次 300 倍 PBO 及 500～600 倍磷酸二氢钾，加快枝梢老熟，促进花芽分化。

五、叶片变色及落叶期（9—11 月）

（一）施足基肥

每株桃树施商品有机肥 5～10 kg 或腐熟农家肥 15～20 kg。

（二）病虫害防治

主要防治红蜘蛛、桃潜叶蛾、穿孔病、炭疽病和流胶病等叶片、枝干病虫害，保护叶片，防止非正常落叶。药剂可选用阿维·毒死蜱+苯醚甲环唑、吡虫啉+苯醚·丙环唑微乳及甲维盐+阿维·哒螨灵+嘧霉胺。

六、休眠期（12 月—次年 1 月）

（一）完成冬季修剪

采取长枝修剪方法进行。

（二）树干刷白

用生石灰涂抹树干，高度为 60 cm 左右。

（三）喷石硫合剂

全株喷施 5 波美度石硫合剂。

第六章　老桃园改造

桃树经过多年栽培后，随着时间的推移、先进科技的推广、新品种的推出、生产经营条件的改善和市场需求的改变，桃的品种、栽培模式与栽培管理技术也随之改进。相对于现在的高标准桃园，一部分原有的"新桃园"在生产功能上相对老化，影响桃园整体效益的提升，而成为老桃园；还有一部分桃树已进入衰老期的老桃园，出现树冠郁闭、树形凌乱、病虫害严重以及品种老化等问题，不仅产量低、品质差，生产效益下滑，而且管理难度也加大。因此，需要根据老桃园的实际情况进行分园施策、优化改造，进而提高桃园经济效益。

第一节　低效桃园改造

一般对于树龄在 10 年以下的桃园，品种对路、经济效益好、树体健壮，但郁闭、树形凌乱的桃园，一般采取合理间伐、树体改造和根系修复的策略。

一、合理间伐

对于栽植密度过大、树体结构混乱、主枝数量多、通风透光条件差的桃园，进行合理的间伐是改造郁闭桃园最简便易行的技术措施，也是改善光照条件，提高生产效率最有效的途径。在遵循"先开行间后株间，去弱去病留健壮"原则的基础上，根据树龄、栽植密度和桃园郁闭程度，可以采取一次性间伐和计划性间伐两种模式。

对于 6 年生以上，株行间骨干枝严重交叉、过密的桃园，可采取一次性隔株间伐或选择性间伐树体明显衰弱和病残的桃树，以降低栽植密度。对于 5 年生以下、树势强旺的郁闭桃园，可采取永久株和临时株的计划性间伐模式，利用 3~5 年时间对临时株桃树疏除主枝，逐年压缩树冠体积，为永久株让路。这样既可提高桃园整体的通风透光性，又可保持产量相对稳定，解决桃园郁闭的问题。

二、树形改造

在部分成年桃园，由于修剪管理不到位，骨干枝数量偏多、主侧枝区别不明显，树体过高、树冠上强下弱，造成内堂空虚无枝，对这类郁闭桃园，需要进行树体结构改造。

改造措施主要是：首先，减少骨干枝数量，区分出主枝，然后回缩主枝，培养强旺的主枝延长头。然后，在骨干枝上配备结果枝及枝组，拉开骨干枝之间及结果枝组之间的距离，合理选留和排布细长结果枝。具体方法按照长枝修剪技术（本书第九章）进行改造。

三、根系修复

除了要对地上部树体进行更新改造，还要对地下部根系进行适当修复。可结合秋季深施有机肥切断部分老根来促发新根，从而提高根系对养分和水分的吸收，帮助树体恢复树势，提高产量和品质。

施有机肥时，注意补充中微量元素和含黄腐酸的肥料，有助于促进新根萌发。在夏季6—7月和秋季9月，要及时排水，减轻积水对根系的损伤。具体方法按照土肥水管理方法（本书第七章）进行操作。

第二节　高接换种技术

对于树龄在10年以下，品种不佳、经济效益差的桃园，一般采取高接换种的策略。高接换种是指在果树树冠的主干、主枝、分枝上进行较高部位的嫁接，以更换品种。

一、嫁接时间

高接换种提倡秋季采用枝腹接的方法，次年春季萌芽前采用枝切接、腹接的方法进行补接。

二、母树处理

秋季或春季，先去掉母树上所有的挂果枝及小枝组，只保留生长健壮的

3~4个大主枝及大型枝组。老树尽量减少主枝及枝组。主枝及大型枝组的头回缩至粗度 3 cm 左右处。

注意：锯口粗度切忌超过 3 cm，否则高换嫁接后，伤口不能及时愈合，严重时会出现流胶、干枯、黄化等影响生长。

三、嫁接方法

（1）采用枝切接、腹接的方法进行嫁接。

（2）砧木锯口严格控制在 3 cm 左右粗度，切面要平整，以利于伤口的愈合。

（3）提倡在砧木背上嫁接，利于遮挡主枝，避免阳光直晒，并防止枝条断裂。

（4）塑料薄膜包扎时，除芽口外，全封闭。

四、嫁接刀距及单株刀数

（1）嫁接口之间的距离为 70 cm 左右。

（2）成年树每株 20 刀左右，幼树视树冠大小而定。

（3）山地瘠薄土壤上种植的桃树，可适当缩小刀距；而肥水条件好的则可适当加大刀距。

五、提高成活率的方法

（1）嫁接后，套塑料口袋有利于提高成活率。出芽后及时拆袋，以免影响嫩枝生长。

（2）春季嫁接后 10~15 天及时补接（枝条低温贮藏或沙贮），可有效避免死芽缺枝现象，保证嫁接当年树冠的及时恢复。

六、嫁接成活后的管理

（1）接芽成活后，新梢长至 20 cm 时及时摘心促发二次梢，并可有效防止风害损伤。具体操作如下：

①春季接芽成活后，抹去母树上萌发的砧芽，接芽未成活的部位，应保留一个砧芽。当接芽成活后的嫩枝生长达到 20 cm 左右时及时摘心。

②摘心后重新抽发的二次梢中，选留 3~4 枝均匀分布即可，抹去多余枝，培养开心树冠。抹嫩枝时，因纵向抹枝时易撕掉叶片和皮层，应横向抹枝以避

免伤枝。

③在摘心部位的二次梢中，视枝条走向情况选留一枝作为延长枝培养，其余二次梢继续摘心促发三次梢，迅速恢复树冠。

④摘心后抽发的第二、三次梢，是成花的关键枝条，应重点培养。

（2）施用有机肥及氮、磷肥，促进二次梢及三次梢的快速抽发和生长，实现嫁接当年树冠恢复。

（3）提倡树冠开心，疏除内膛遮光枝，剪掉密生枝，保持约 20 cm 的枝距。

（4）及时采取促花措施，7—8 月用 PBO 开始控梢促进枝条停止生长，停梢后叶片补施磷酸二氢钾，形成花枝，力争次年高产。

（5）冬季落叶后，采用"长枝修剪技术"进行修剪，确保来年稳产、高产、优质。

（6）加强对枝腐病、缩叶病、蚜虫、梨小食心虫、潜叶蛾等的防治。

第三节　老桃园重建

桃树的经济结果寿命相对较短，一般为 15～20 年。成都市龙泉山脉大多数桃树树龄已超过了 15 年，进入衰老期。表现为树体衰弱，部分品种落后，已无经济效益可言，需要重新建园。由于耕地资源有限，新建园需原址重栽，如方法处理不当，往往因桃再植病而导致失败。

一、桃再植病发生的原因

桃再植病也叫桃连作障碍，是指桃园重茬时，新栽植的幼树表现出生长缓慢、树体矮小、抗性降低、产量低、品质差，甚至整株死亡的现象。桃再植病广泛分布于世界各地的桃种植区，再植障碍产生的原因比较复杂，但主要有以下三点。

（一）有毒物质的形成

桃的残根中含有大量的扁桃苷。土壤微生物如镰刀菌、细菌以及以扁桃苷为营养源的微生物能分泌一种扁桃苷酶。此外，线虫也能分泌这种酶，桃根系细胞本身也具有此酶。当根系细胞死亡后，经过水分解和酶作用，扁桃苷会分解为氰酸和苯甲醛等物质，使新根的呼吸作用受阻，从而引起根腐烂，导致地上部生长衰弱，产量降低。

（二）线虫及病菌危害

在连作的土壤中，根结线虫和土壤病原微生物增多，会直接危害根系，并积累更多的扁桃苷酶分解生成有毒物质，毒害根系，使地上部分生长不良。

（三）营养元素失衡

原位重新栽植桃树，由于上茬桃树多年的吸收，造成某些营养成分的缺少，特别是某些微量元素的分布失衡，会造成土壤酸碱度异常，进而导致再植障碍的发生。

二、克服或减轻再植病的措施

（一）彻底清园

大多数非专性寄生的真菌和细菌都能在染病寄主的枯枝、落叶、落果和残根等植物残体中存活，或者以腐生的方式存活一定时期。果树病残体是果树发病和病害流行的重要初侵染源和再侵染源。老桃园重新栽植桃树时，应彻底清除桃的残根、残枝和落叶，并带出园外进行无害化处理，减少传染源。

（二）有机肥改土

原址重建桃园应大量增施有机肥，以提高土壤的有机质含量，促进幼树根系快速生长。此举也能繁育大量土壤拮抗菌，从而大大减少该病的危害。

在生长期，合理施用化肥，如：增施磷钾肥能促进根系生长和提高树体抗性；磷肥能加快有益微生物的繁殖，从而抑制有害微生物的生长，保证根系健康，同时也能提高根系的吸收能力。桃幼树快速生长，扩大树冠，渡过定植前3年，再植病的影响将逐渐减轻。

（三）采用壮苗定植

采用根系发达的壮苗定植，能够较好地适应土壤。在重茬地中种植壮苗，存活率较高，再植病的危害影响较小。在移植壮苗的过程中，应保证根系的完整性，定植后适当重剪地上部分，促进生根。

（四）换土补栽

在老桃园旧址上重新栽植桃树时，应尽量避免在原桃树的位置进行栽植。定植穴可挖在原桃园的行间。如无法避免原穴栽植，也可将新定植穴内 0.5 m³ 范围内的土壤挖出，回填未种过桃树的熟化菜园土。

栽植前，先清除残根，然后施入充分腐熟的有机肥进行改土，补充营养元素。可采用深挖定植穴改土，也可采用聚土起垄进行改土。定植穴一般直径为 1 m、深度为 0.5 m，挖出的土堆放一边。挖完后，每穴施优质有机肥 50~100 kg，与熟化菜园土混合回填，然后再定植桃苗。

（五）选择抗性砧木

重茬栽植桃苗时，选用抗性砧木嫁接的苗木，可有效降低再植病的发生。如从法国引进的桃抗性砧木 GF677，能对地上部分的生长势具有促进作用，以其为砧木嫁接的桃苗在简阳和龙泉驿试验田中，表现出对再植障碍较好的抗性。

第七章　土肥水管理

第一节　土壤管理

土壤是桃树生长与结果的基础，是供给水分和养分的来源。土层深厚、土质疏松、通气良好、有机质含量高，则土壤中微生物活跃，能为桃树提供丰富的养分，从而有利于根系的生长和吸收，对提高果实产量和品质有重要意义。

成都地区桃树多栽种在山地、丘陵地区，一些地块土层贫瘠、有机质含量低、土壤偏碱，再植障碍较重，都不利于桃树的生长与结果。因此，在栽植前后要改良土壤理化性质，改善土壤的水、肥、气、热条件，从而提高土壤肥力。

一、土壤改良

（一）深翻熟化

1. 深翻作用

桃树根系深入土层的深浅，与桃树生长结果密切相关。根系入土分布深，吸收养分和水分更多，树体生长高大，抗旱抗寒能力强，寿命长，结果多；反之，根系浅，桃树矮小，寿命短，结果少。因此，需要发达的根系才能达到高产、稳产的目标。

根系入土深度与土层厚度及其理化性质相关。深翻土壤使耕作层加深，提高土壤含水量、增加孔隙度，增加好氧微生物种群和数量，从而加快土壤熟化，使难溶性营养物质转化为可溶性养分，提高土壤肥力。深翻使土壤的水、肥、气、热得到改善，为根系生长创造条件，促使根系向纵深伸展，增加根量及分布深度，进而使树体健壮、新梢长、叶色浓绿，提高产量。

2. 深翻时间

深翻从采果后至萌芽前都可进行，以秋季深翻为宜，深翻最好同施基肥同步进行。秋季地上部生长缓慢，养分储藏于根系，根系正值生长高峰，伤口易愈合并长出新根。再结合灌水，使根系与土粒紧密结合，更有利于根系的生长。

3. 深翻深度

深翻深度以稍深于桃根系主要分布层为宜，并结合土壤结构和土质状况等综合考虑。如山地土层薄，底层为紫砂页岩或土质黏重等，深翻的深度一般为40~50 cm；而土质疏松且深厚，可适当降低深翻的深度。

4. 深翻方式

（1）全园深翻。

全园土壤深翻一次，所需劳力较多，依靠人工完成不太经济也不太现实。一般全园深翻在建园时进行，采用挖掘机进行机械深翻，具有效率高、质量好的特点。深翻后有利于平整土地及桃园耕作。

（2）隔行深翻。

隔行深翻一般在栽植多年后的成年桃园进行。桃的根系已布满行间或根系出现老化，需要更新根系时，采用隔一行翻一行的方式，一般2~3年进行一次。这样每次只伤一侧的根系，对桃树的生长影响较小。行间深翻可采用机械开沟，具有开沟速度快、效率高、节省劳力的特点。

（3）深翻扩穴。

这种方法用于常规建园的幼龄桃园，在定植1年后即可扩穴深翻，将未熟化的硬土逐年深翻、改良，直至株间全部翻遍为止。每次深翻范围小，需3~4次以上才能完成全园深翻工作，且需要大量的劳力。因此，该方法仅适用于零散栽植或小桃园操作。

（二）有机肥改土

有机肥是将植物残体、动物粪便或两者混合，经过堆放自然发酵或添加微生物发酵后得到的产物。它所含的营养元素比较全面，除含大量元素外，还含有中微量元素和许多活性物质，包括激素、维生素、氨基酸、多糖等，故称为完全肥料。多数有机肥要经过微生物的分解才能释放养分被根系吸收，故也称为迟效肥。通常在建园时和结合桃园土壤深翻时混合施入有机肥进行土壤改良。有机肥改土后，土地疏松透气，深松肥沃，抗旱抗冻和保水保肥能力增强，在为桃树提供完全肥料的同时，可培养出大量吸收根，提高树体吸收养分的能力，为生产色香味俱佳的精品桃奠定坚实基础。

二、土壤管理

(一) 树盘覆盖

在树盘下或稍远处可覆以作物秸秆、绿肥杂草等有机物材料，也可用防草地布或 0.3 mm 以上的黑白地膜、银色反光膜等材料。

1. 作用

覆盖能防止水土流失，抑制杂草生长，减少水分蒸发，防止返碱，缩小昼夜和季节温度变化幅度。覆草能增加有效态养分和有机质含量，并能防止磷、钾、镁等被土壤固定而成无效态，促进团粒结构的形成，有利于根系的吸收和生长。覆草后要在覆盖物上压放土或石块，以防风刮和火灾，同时应注意防治鼠害。

2. 覆盖方法

冬季或夏季桃园以覆草为佳，覆草厚度通常为 15~20 cm；绿肥杂草，作物秸秆等均可作覆盖材料。也可根据不同目的选用不同的地膜材料，如在幼树定植后，为了增加早春地温和防止水分蒸发，宜选用白色地膜；为了保湿和防草可以选用黑色地膜或地布；为了增加果实着色均匀，可以铺银色反光膜。

(二) 行间间作

桃园幼龄期行间空地较多，可间作。行间间作可形成生物群体，群体之间可互相依存，还可改善微域气候，有利于幼树生长。

合理间作既能充分利用光能，又可增加土壤有机质，改良土壤理化性质。如冬季播种蚕豆，夏季播种大豆，在种子灌浆后收割并覆盖树盘，不仅能抑制杂草的生长，减少水分蒸发和水土流失，缩小地温变幅，还能为桃树提供大量有机质，特别是能提高蛋白质和氨基酸的含量，有利于根系生长。

间作物要有利于桃的生长发育，在不影响桃生长发育的前提下，桃园可大力实行间作。间作物要与桃树保持一定距离，树干周围 1 m 以内不能间作任何作物，否则容易引起间作物与桃之间对养分的剧烈争夺。

间作物的选择要求植株矮小，生育期较短，适应性强，与桃需水临界期错开；间作物与桃没有共同病虫害，比较耐荫，收获较早等。

（三）土壤耕翻

耕翻一般在行间进行，深度在 20~30 cm 之间。耕翻能疏松土壤，增加土壤的透水透气性，提高养分的活性，有利于根系生长。此外，还能清除地面杂草。

耕翻一般在秋季或春季进行，采用机械耕翻。秋季在枝梢停长后进行，可减少宿根性杂草，消灭越冬地下害虫。耕翻后，方便播种喜凉型的牧草。春季耕翻一般在桃树萌芽前进行，较秋耕浅些，能提高早春的土温，促进根系活动。此外，还能清除杂草幼苗。夏季耕翻主要用于翻压绿肥，绿肥结籽但未老熟时耕翻一次，可将其打碎还田，提高土壤有机质。

三、桃园生草

桃园生草就是除树盘外，使桃园长期保持有草或绿肥状态，并定期刈割覆盖于地面的土壤管理模式。

（一）生草的作用

1. 提高土壤中有机质含量，增加矿质元素的有效性

生草后，绿肥从行间土壤中吸收氮、磷、钾和中微量元素，形成有机物。当草生长到一定高度时，就需要刈割覆盖或翻压入田。草残体在土壤中经过微生物降解腐烂后，转化为腐殖质并释放出矿质元素供桃根系吸收利用，同时提高土壤养分的有效性，提高土壤养分的利用率。草对磷、铁、钙、锌、硼等有很强的吸收能力，通过吸收和转化将这些元素从不可吸收态变为可吸收态，进而促进桃树生长结果，降低缺素症的发生。

随着生草年限的增加，土壤有机质含量将明显提高。生草后，即使不增施有机肥，土壤中的腐殖质也可保持在 1% 以上，而且土壤结构良好，尤其对质地黏重的土壤，改良作用更大。国外许多桃园由于生草而减少大量有机肥的施用。因此，桃园生草是提升桃园土壤有机质的一个良好措施。

2. 增加微生物种类和数量，改善土壤理化性质

绿肥残体和残根在土壤中腐烂的过程，会促进土壤微生物活动，使土壤中微生物的种类和数量大幅增加。土壤真菌和放线菌数量显著增加，土壤细菌群落多样性提高，优势菌群数量增幅明显。桃园种植白三叶和紫花苜蓿能显著提高土壤脲酶和磷酸酶的活性。土壤微生物又可促进土壤有机质的分解和养分的

转化。草残体转化为腐殖质，形成的有机胶体能促进团粒结构的形成，增加土壤孔隙度，降低土壤容重，改善土壤理化性质。

3. 改善桃园微域气候，增加天敌数量，有利于桃园的生态平衡

桃园生草具有改善地温的效果。桃园种植白三叶后，在盛夏高温季节可避免阳光直射地面，有效降低地温；在冬季通过减少地热散失、提高气温，起到保温作用；在春季干旱时，生草可以调节近地层的空气温度，提高空气相对湿度。生草后可改善桃树生长发育的小气候环境，增强桃树的抗病能力，有效防止枝干日灼病和流胶病的发生。

桃园生草也为害虫天敌提供了适宜的生长发育环境，对害虫种群起到控制作用。通过在桃园种植紫花苜蓿和三叶草等，增加害虫的寄生性天敌和捕食性天敌，能有效减少桃蚜、桃纵卷瘤蚜、桃粉蚜、桃潜叶蛾等害虫数量，形成有利于害虫天敌而不利于害虫的生态环境，这是对害虫进行生物防治的一条有效途径。

4. 有利于改善果实品质

桃园施肥不当时，如偏施氮肥，往往造成果实品质不佳。生草后，绿肥可吸收过多氮肥，使土壤中含氮量降低，磷素和钙素有效含量提高，使桃树营养均衡，促进桃树的生长发育。此外，也可增加果实中可溶性固形物含量和果实硬度，促进果实着色，提高果实的抗病性和耐贮性，减少生理病害，洁净果面，从而提高果实的商品价值。另外，生草覆盖地面可减轻采前落果和采收时果实受到的损伤。

5. 可保持水土

桃园生草形成致密的地面植被，可固沙、固土，缓和降雨对土壤的冲刷，减少地表径流对山地和坡地土壤的侵蚀。同时，生草可将无机肥转变为有机肥固定在土壤中，增加土壤的蓄水能力，减少水、肥流失。

在雨季，生草桃园能消耗土壤中过多的水分和养分，减缓枝梢旺长和减少果实裂果。雨水可沿禾本科草根和蚯蚓孔道渗透至土壤深层，而清耕园雨水不易下渗。

6. 抑制恶性杂草生长，美化环境，减少投入

桃园林下种植白三叶、紫云英、大巢菜、黑麦草和蚕豆均能抑制杂草生长，其中白三叶、大巢菜和紫云英对杂草的抑制作用明显，春季对禾本科杂草和阔叶杂草的抑制率均达到80%以上。此举可减少除草剂的使用，也可减少对环境的破坏。

桃园生草不必每年对土壤进行耕翻和除草，一年只需割几次草，形成桃园

草坪，起到美化环境的作用。而且还可节省翻耕除草的用工及费用，降低生产成本。由于合理生草，各种养分含量高，土壤保蓄能力强，可减少肥料的投入。冬季桃园生草，还能提高园区整体的观赏性。

（二）生草方式

桃园生草分为自然生草和人工种草。

自然生草是指桃园自然长出各种草后，去除恶性杂草，保留适应本地生态环境的草种，使其自然生长，形成优势群落。人工种草是指人工选择适合的草种，种植在桃园中，以达到生草的目的。

桃园生草又有全园生草和行间生草两种方式。在土层深厚、肥沃、根系分布深的桃园，可进行全园生草；在土层瘠薄、灌溉不利的桃园，宜采用行间生草。

（三）草种选择

桃园生草的草种可分为1年生、2年生和多年生草本植物，其中，禾本科和豆科植物较为常见。

在土肥水条件较好的桃园，宜选择黑麦草、早熟禾、野牛草、燕麦草等禾本科牧草，收割后可覆盖树盘和喂养牲畜；在土肥水条件较差的浅丘地，宜选择抗旱性较好、耐瘠薄的白三叶草、紫花苜蓿、紫云英、光叶紫花苕等豆科绿肥草种；在抗旱条件很差的桃园，也可以选择菊苣、苦荬菜等肉质根类型的牧草草种。

（四）播种时间

成都地区在春秋季节均可进行草种播种。但有些禾本科草种如黑麦草不能过夏，主要以秋播为主；同时，成都地区具有冬干、春旱的季节性干旱现象，春播时期正值干旱季节，而秋播时期土壤湿润，有利于出苗，同时可避开杂草生长的高峰期，减少剔除杂草的繁重劳动。因此，生草宜选择在秋季播种。

（五）播种方法

播种前将行间土壤翻耕打细，使土壤颗粒细匀，孔隙度适宜。

播种方式主要有条播与撒播。条播时行距以15～30 cm为宜，播带宽约3 cm。撒播时，最好将细沙与种子进行混合，混合比例为1∶1，再进行播撒，然后轻轻覆土镇压。

播种深度以0.5～1.5 cm为宜，既要保证种子接触到潮湿土壤，又要保证子叶能破土出苗。沙质土壤宜深，黏土宜浅。浅丘季节性干旱地区可以采取深开沟、浅覆土的办法进行播种。

（六）割草管理

现代桃园禁止使用除草剂。长期大量使用除草剂，会导致土壤板结。使用不当时，还会引起桃树叶片失绿或发育不正常，引发流胶病、小叶病，甚至死亡。

桃园行间生草作物在花期时用机械或人力、畜力方法，将其刈割直接覆盖地面或翻入土中待其自然腐烂，一般翻埋深度约为 20 cm。在压埋时，碱性土壤应结合施过磷酸钙和硫酸钾，酸性土壤施适量石灰，以调节土壤酸碱度。也可将桃园内外生草的地上部刈割后开沟压埋在树盘内。也可结合深翻和施基肥同时进行。还可用于覆盖桃园，作为堆肥材料和饲草，或者直接撒在桃园内，任其腐烂。

（七）生草注意事项

长期生草的桃园易使表层土壤板结，影响通气性；草根系强大，且其在土壤上层分布密集，能截取下渗水分，消耗表土层氮素，因而会引起根系上浮，加剧与桃树争夺水肥的矛盾，因此要加以控制。

采用桃园生草法要定期割草，及时补充氮肥，并酌情灌水，如此可减轻草与桃树争肥争水的弊端。

第二节　施肥管理

一、桃树需肥特性

（一）各营养元素的功能

桃树在整个生长发育阶段需要氮、磷、钾、钙、镁、铁、硼、锌、锰、铜等营养元素按比例配合使用，做到平衡施肥，才能达到优质产、稳产、高效的目的。若缺少某种营养元素，都会导致缺素症的发生。

1. 氮

（1）氮的功能。

氮是构成蛋白质的主要成分，是细胞质、细胞核和酶的组成成分，是核酸、磷脂、叶绿素、辅酶的组成成分；许多维生素（B_1、B_2、B_6）和激素（吲哚乙酸）中都含有氮。氮在树体内可重新分配，能促进一切活组织的生长发育。

（2）氮素失调。

缺氮会使桃树叶片变成浅绿色至黄色，造成叶片薄，严重时基部有红褐色斑点。缺氮会使桃树枝条变细、短而硬，皮部呈棕色或紫红色，果个小、品质差，显著降低产量。

但氮素过多时，会造成桃树果实、叶片变大，新梢旺长，树冠郁闭，光照差、花芽少，抗病能力降低，易落花、落果，果实风味变淡、含酸量增加、贮藏性能变差，同时影响根系对磷、铜、锌、锰、钼等的吸收。

（3）防治方法。

缺氮症状易于矫正。桃树缺氮应在施足有机肥的基础上，适时追施含氮化肥，也可往叶面喷施 $0.1\% \sim 0.3\%$ 尿素溶液。需要注意的是，桃树对氮素较敏感，尤其是小树，氮肥偏多易引起徒长和延迟结果，使用时要注意控制得当。

2. 磷

（1）磷的功能。

桃树对磷的吸收也较多，与氮的吸收比例为 10 : 4，以叶、果对磷吸收最多。磷是糖磷脂、核苷酸、核酸、磷脂和某些辅酶的组成成分，是细胞质、细胞核的主要成分，与细胞分裂关系密切。磷是三磷酸腺苷（ATP）、二磷酸腺苷（ADP）、辅酶 A、辅酶 I 和辅酶 II 的组成成分，直接参与呼吸作用的糖酵解过程，参与碳水化合物间的相互转化，参与蛋白质和脂肪的代谢。磷可以在树体内重新分配。

磷能增加花芽数，提高坐果率和产量；促进桃树对氮素的吸收；提高果实对磷的吸收，使新梢枝条中淀粉和可溶性糖的含量增加。

（2）磷素失调。

桃树一般不易表现缺磷或过量的症状。

缺磷表现多发生在新梢老叶上，叶变小，随气温下降呈红色；枝条纤细、节间短，侧枝少，花芽分化差；果实汁液少，易裂果，果实品质差。

磷过量中毒症多与重金属拮抗同时发生，由于缺乏锌、铁、锰等引起磷过多，症状常与所缺的重金属症状混合在一起。

（3）防治方法。

秋季多增施有机肥，改良土壤是防治缺磷症的有效方法。施用有机肥时添加过磷酸钙，效果更佳。生长季，叶喷施 0.3% 磷酸二氢钾，防治效果明显。

3. 钾

（1）钾的功能。

钾为某些酶或辅酶的活化剂（如 ATP 酶系的活化），钾是丙酮酸激酶、硝酸还原酶等的诱导剂。合成蛋白质时需要钾；钾能参与碳水化合物的形成与运转；钾离子可以使原生质体膨胀；要有一定浓度的钾离子，气孔才能开放；钾在树体内移动性很大。多施钾肥可使桃树果实大，糖酸含量均高，促进花芽分化，提高产量，增强树体抗寒力。

（2）钾素失调。

缺钾会造成叶片卷曲并使主脉附近皱缩，叶缘处坏死，顶芽处有枯梢现象，果个小、糖度下降，品质变劣。栽种在细沙土、酸性土及有机质少和施用钙、镁较多的土壤，桃树易表现缺钾症。

缺钾的典型特征是老叶叶缘焦枯。在叶缘焦枯前，叶片横向向上卷曲并皱缩，有时呈镰刀状。晚夏以后叶片变为浅绿色。严重缺钾时，老叶主脉附近皱缩，叶缘或近叶缘处出现坏死，形成不规则边缘和穿孔。新梢细短，易发生生理落果，果个小，花芽少或无花芽。

桃树钾中毒症状少见，土壤高钾时易引起镁、钙等重金属元素缺失。

（3）防治方法。

桃树缺钾时，应在增施有机肥的基础上，加施一定的钾肥，避免偏施氮肥。生长期根外追施 0.2% 硫酸钾液或硝酸钾液 2~3 次均有明显效果。

4. 钙

（1）钙的功能。

钙是某些酶或辅酶的活化剂（如 ATP 的水解酶和磷脂水解酶等），是细胞膜和液泡膜结构中的黏合剂，可维持细胞正常分裂，使细胞膜保持稳定，以抵抗不良环境的侵袭（如 pH 过低、温度过高、冻害等）。此外，对韧皮部细胞起稳定作用，使有机营养向下运输通畅，并可增加蛋白质的合成。在树体较老的组织中，钙含量特别多，但移动性小。

钙能降低果实的呼吸作用，增强果实贮藏性，减少生理病害；增强树体抗逆性；保证根系的正常生长；降低铜、氢、铝等对根系的毒害作用。

（2）钙素失调。

桃树对缺钙较敏感，表现为顶梢上的幼叶从叶尖端及中脉坏死，严重时枝条尖端及嫩叶呈现火烧坏死般的状况，并迅速向下部枝条发展。缺钙时，桃树果实小，绿且硬；根系短而粗，严重时幼根尖端停止生长，皮层加厚而死亡。

桃树钙中毒症状未见报道，但土壤中钙过多，会使土壤 pH 升高，以致影响对锌、镁、锰等重金属元素的吸收。

（3）防治方法。

龙泉山主要为石灰性土壤，在秋季施用有机肥时，每亩地施硫黄粉可中和土壤的碱性，从而提高钙的活性。生长期叶面喷施硝酸钙，连续 2～3 次即可（主要在花后 30 天，果实膨大期及采前 30 天）。

5. 镁

（1）镁的功能。

镁是叶绿素的成分之一，是许多酶系统的活化剂（如碳水化合物中的果糖激酶、半乳糖激酶、葡萄糖激酶均需要镁离子作活化剂）；可维持糖核蛋白体的结构，对树体的生命过程起调节作用。

镁在桃树体的磷酸代谢中起作用，因此间接地在呼吸机理中起作用；镁在树体内可移动，主要存在幼嫩组织中，成熟时则集中在种子内；镁使根系健壮生长，增强抗寒能力，促进对磷的吸收和转移。

（2）镁素失调。

缺镁时，较老的绿叶产生浅灰色或黄褐色斑点，位于叶脉之间，严重时斑点扩大到叶边缘。初期症状，出现退绿，颇似缺钾。叶尖端灰绿，叶绿黄化，以后脉间黄化，叶基部和中脉间呈鲱骨形。以后基部的成熟叶片形成淡绿或灰绿斑块，之后转为暗褐色而坏死。镁易随水流失，土壤中磷、钾肥过多，也会诱发缺镁症。

一般镁过多无特殊症状，多伴随缺钾或钙。

（3）防治方法。

增施有机肥，提高土壤中镁的活性；施有机肥时，添加适量镁肥。生长期在 6—7 月时，叶面喷施硫酸镁溶液加入适量的尿素液效果更好。

6. 铁

（1）铁的功能。

铁是细胞色素、细胞色素氧化酶、过氧化氢酶、过氧化物酶等辅基的成分，在呼吸作用中起着电子传递的重要作用。铁虽不是叶绿素的成分，但在叶绿素合成中必不可少。铁在树体中不易移动。铁使桃树生长正常，可防止叶片黄化，能增加叶片中叶绿素含量。

（2）铁素失调。

桃树缺铁多表现在幼叶上，叶脉为绿色，叶肉失绿，脉间变为灰绿、黄色，严重时整叶白化。一般树冠外围、上部新梢顶叶发病严重。在龙泉山脉紫色土壤上，缺铁较为常见，低洼地、排水不良、通气性差时也会发生。

（3）防治方法。

龙泉山土壤偏碱，使有效的 Fe^{2+} 变成无效态的 Fe^{3+}，这是桃缺铁的主要原因。增施有机肥或酸性肥料等，能降低 pH，促进根系对铁的吸收；施有机肥时，每株加 5 g 螯合铁。生长季于叶面喷螯合铁溶液，能减轻缺铁现象。还可选用 GF677 作砧木，以有效防治缺铁黄化。

7. 硼

（1）硼的功能。

硼能促进花粉的萌发和花粉管伸长，对生殖器官的发育有重要作用；参与碳水化合物的转化和运输；调节水分吸收和养分平衡；参与分生组织的细胞分化过程。

硼能提高坐果率，降低未受精果率；提高产量；使枝叶生长繁茂；促进根系发育；增加果实可溶性糖含量。

（2）硼素失调。

桃树缺硼，易引起新梢顶枯，枯死部位的下方会长出侧梢，使枝条呈现丛枝反应，导致幼果成为畸形果。后期缺硼，果实虽有正常大小，但果肉木栓化呈褐色，沿果实缝合线处纹裂。轻微缺硼，果实表面有许多愈合的小裂纹，呈锈果状。

硼过多也会造成枝条枯死。土壤中 pH 为 5~7 时，硼的含量最高；偏碱的土壤中，硼被固定，不能被有效利用；土壤过干，硼也不能被吸收利用。

（3）防治方法。

通过两种方法解决：一是通过土壤补硼，结合施有机肥，加入硼砂或硼酸，每株施 100~200 g，一般每隔 3~5 年施 1 次；二是树上喷硼。碱性土采用发芽前枝干喷硼砂液，或分别在开花前、花期中和落花后喷硼砂液，以提高坐果率。

（二）桃树的需肥特性

1. 施肥宜深

桃树根系发达，且水平方向远、较垂直方向强盛，大部分根集中于表土，吸收肥水能力强。桃树根系普遍集中在地下 20~40 cm 范围内，因此，施肥时应适当深施，以诱引根系下扎。尽量施在 30~50 cm 深的土层中，避免肥料浅施引起桃树根系上浮。

2. 梢果争夺养分矛盾激烈

桃的新梢生长与果实发育都在同一时期，因而梢果争夺养分的矛盾显得特别突出。树势强旺或挂果较少的健壮树，谢花后如果氮肥施用过多，会引起枝梢猛长、加重落果；树势偏弱或挂果过多的树，如果氮肥施用不足，又会引起枝梢细短、叶黄果小。因此，应根据树势和挂果情况施肥，协调梢果生长矛盾。

3. 对氮肥敏感

桃树对氮肥敏感，幼树期、盛果期、果实生长后期、衰老期对氮肥的需求量均有差异。桃树幼龄期，需要控氮，幼树期施氮过多，易导致徒长，不易成花或花芽质量差，并影响投产，造成投产迟，后期甚至出现落果多、流胶病严重等问题。桃树盛果期需增氮，以增强树势，否则会导致早衰。桃树果实生长后期若氮肥过多，果实味道会变差。桃树衰老期氮素不足会加速衰老，氮素充足可促进新梢多发，延缓衰老过程。

4. 需钾量大

桃树对钾的需求量极大，在整个生长周期中，吸收的钾量接近氮的 1.6 倍，在果实发育期，是氮素吸收量的 3.2 倍。钾素对桃的果实膨大和品质提高有显著作用，因此壮果肥中钾肥的比例应高于氮肥。

5. 喜微酸至中性土壤

最适合桃树生长的土壤 pH 为 5~6，pH 超过 7 时易发生缺铁症，pH 低于 4 时易发生缺镁症，故而施肥时必须注意对土壤酸碱度的调节，如龙泉山碱性土壤的桃园应注意多施酸性肥料调节土壤酸碱度。

二、肥料的种类和特点

桃树所需的肥料，按来源与组成成分等可分为化学肥料、有机肥料、有机—无机复混肥、微生物肥料。在选择肥料时，应根据肥料特性、土壤条件、气候情况和果树生长阶段来确定，这样才能最大限度地发挥肥料的作用。特别要注意的是，桃属忌氯植物，不应使用含氯肥料。随着"化肥零增长"和"果菜茶有机肥替代"行动的实施，有机肥料和微生物肥料的使用率逐渐增加，对桃品质的提高和农业生态环境的改善起到了积极的作用。

（一）化学肥料

由提取、物理和化学工业方法制成，标明养分呈无机盐形式的肥料称为无机（矿质）肥料，习惯上也称为化学肥料，简称化肥。化肥具有养分含量高、肥效快、溶于水、易吸收等优点，通常作为追肥使用。但同时，化肥也具有养分单一、肥效短、不含有机物等缺点。有的化肥长期单独使用还会造成土壤板结、土质变差。所以通常无机肥要与有机肥配合使用。

1. 氮肥

氮是植物体内许多重要的有机化合物的主要成分之一，对农作物的生长发育和产量影响很大。氮肥是具有氮标明量，并为植物提供氮素营养的单元肥料。生产上常用的氮肥主要有尿素、硝酸铵钙等。

（1）尿素。

尿素是在生产中使用最多的一种氮肥。含氮量在 46% 左右，为白色或浅黄色、半透明的小颗粒，易溶于水。水溶液呈中性，吸湿性较强。使用尿素不会在土壤中残留有害物质，不会对土壤造成不良影响。但尿素中含有不同比例的缩二脲，会对幼嫩枝梢和新根产生毒害作用，因此在使用时应注意选择优质尿素，缩二脲含量不超过 0.5%，以降低缩二脲对果树的不良影响。尿素在水解后生成铵态氮，若施肥时仅施在土壤表面，尤其是偏碱性的土壤，会引起氮的挥发而不能达到预期效果，因此在使用尿素时要深施覆土。

（2）硝酸铵钙。

硝酸铵钙（$NH_4NO_3 \cdot CaCO_3$）是硝酸铵与其他肥料混合制成的复合肥。硝酸铵（NH_4NO_3）简称硝铵，含氮量为 34%~35%，其中 NH_4^+-N 与 NO_3^--N 各半。硝酸铵是当前世界上一个主要的氮肥品种，但硝酸铵既是氮肥，又是一种弱爆炸性的氧化剂，受到国家严格管控。按照相关政策规定，市场上无硝铵产品出售，只有将硝铵与其他肥料混合制成的复合肥，硝酸铵钙就是其中之一。硝酸铵钙是一种含氮素和钙素的肥料，含氮在 20%~27%，其中 NH_4^+-N 与 NO_3^--N 各半，氧化钙约为 12%。产品具有吸湿性小、不易分解、不结块的特性。养分可被作物直接吸收利用，生理酸性较低，肥效快，因挥发而产生的氮素损失少，热稳定性好，容易贮藏和搬运。硝酸铵钙属中性肥料，施入土壤后不会使土壤板结，且对酸性土壤具有改良作用，可以中和土壤酸度，降低活性铝的浓度，减少铝对磷的固定，促进土壤微生物的活动。

2. 磷肥

磷肥是具有磷标明量，以提供植物磷养分为主要功效的单元肥料。根据溶解度的大小和作物吸收的难易程度，通常将磷肥划分为水溶性磷肥、弱酸溶性磷肥和难溶性磷肥三大类。凡能溶于水（指其中含磷成分）的磷肥，称为水溶性磷肥（如过磷酸钙、重过磷酸钙）；凡能溶于2%柠檬酸或中性柠檬酸铵或微碱性柠檬酸铵的磷肥，称为弱酸溶性磷肥或枸溶性磷肥（如钙镁磷肥、钢渣磷肥、偏磷酸钙等）；既不溶于水，也不溶于弱酸而只能溶于强酸的磷肥，称为难溶性磷肥（如磷矿粉、骨粉等）。常见磷肥有过磷酸钙，钙镁磷肥。

（1）过磷酸钙。

过磷酸钙含有效磷（五氧化二磷）12%~18%，硫酸钙约为50%。此外，还含有2%~4%的硫酸铁、硫酸铝等杂质，以及少量游离酸。过磷酸钙是水溶性磷肥，一般为灰白色或浅灰色粉末，呈酸性反应，易被根系吸收，是我国目前主要的磷肥品种，在龙泉山碱性紫色土中广泛使用。

（2）钙镁磷肥。

钙镁磷肥是用由磷矿与硅酸镁矿物质配制的原料经过加工形成的产品，主要成分为 α－磷酸三钙、硅酸钙、硅酸镁等。钙镁磷肥是灰绿色粉末，不溶于水，不吸湿，不结块，便于贮藏，呈碱性反应，为弱酸溶性磷肥或枸溶性磷肥。适宜在酸性或中性土壤中施用。钙镁磷肥施入土壤后，其中的磷只能被弱酸溶解，要经过一定的转化过程才能被根系吸收，所以肥效较慢，适合作为基肥深施于土壤中。

3. 钾肥

钾肥是具有钾标明量的单元肥料。在生产上，常用的钾肥品种有硫酸钾和硫酸钾镁肥，均为水溶性钾肥。生产上应慎用氯化钾。

（1）硫酸钾。

硫酸钾（K_2SO_4）理论含钾（K_2O）量约为54.06%，一般在50%左右；含硫（S）量约为18%，硫也是作物必需的营养元素之一。硫酸钾的制取可用钾盐矿石、氯化钾的转化及盐湖卤水等资源。硫酸钾是无色结晶体，吸湿性小，不易结块，物理性状良好，施用方便，是很好的水溶性钾肥。硫酸钾是生理酸性肥料，长期使用会使土壤变酸，所以若在酸性土壤中长期使用硫酸钾，应与农家肥或碱性肥料搭配使用。

（2）硫酸钾镁肥。

从盐湖卤水或固体钾镁盐矿中仅经物理方法提取或直接除去杂质制成的一种含镁、硫等中量元素的化合态钾肥。硫酸钾镁肥一般为呈白色或浅灰色的结晶，易溶于水，易吸湿潮解，包装及长途运输应注意保护。硫酸钾镁肥适合在各种作物上用作基肥或追肥，可单独施用或与其他肥料混合施用。

4. 复合（混）肥

在一种化学肥料中，同时含有氮、磷、钾等主要营养元素中的两种或两种以上成分的肥料，称为复合肥料。含两种主要营养元素的叫二元复合肥料，含三种主要营养元素的叫三元复合肥料，含三种以上营养元素的叫多元复合肥料。复合肥料的优点：有效成分高，养分种类多；副成分少，对土壤不良影响小；生产成本低；物理性状好。

常用的复合肥有磷酸铵、氨化过磷酸钙、磷酸二氢钾、硝酸钾、硝酸磷肥、硝酸磷钾肥等。复合肥养分含量高、副成分少且物理性状好，但复合肥的养分比例固定，针对不同土壤，在使用前最好进行测土，按照土壤实际情况选择适合的复合肥。同时，也要根据果树不同生长阶段所需营养元素不同选择相应养分比例的复合肥。如果没有适宜的复合肥产品，也可按照需要自行配用多种单元肥料。

三元复合肥料是各种基础肥料经二次加工的产品。制备三元复合肥料的基础原料中单质肥料可用硝酸铵、尿素、硫酸铵、氯化铵、普通过磷酸钙、重过磷酸钙、钙镁磷肥、氯化钾、硫酸钾等，也可用磷酸一铵、磷酸二铵等二元复合肥料。按照复合肥料国家标准，分为高浓度（总养分≥40%）、中浓度（总养分≥30%）、低浓度三类（总养分≥25%）。

5. 中量元素肥料

钙、镁、硫是植物生长发育所必需的三种营养元素，它们在植物体内的含量低于碳、氢、氧、氮、磷和钾，但高于微量元素，被称为中量元素。近年来，随着氮磷钾肥用量的增加和农业生产水平的提高，钙、镁、硫的缺素症不断出现，缺素面积呈逐渐增长的趋势，已引起人们的广泛关注。

（1）钙肥。

钙肥主要品种有生石灰、熟石灰、碳酸石灰、含钙工业废渣和其他含钙肥料。

（2）镁肥。

根据溶解性，可将镁肥分为水溶性镁肥和弱水溶性镁肥两类。水溶性镁肥包括硫酸镁、氯化镁、碳酸镁、硝酸镁、氧化镁、硫酸钾镁等，弱水溶性镁肥包括白云石、蛇纹石、光卤石等。

（3）硫肥。

含硫肥料种类较多，大多数是氮、磷、钾及其他肥料的副成分，如硫酸铵、普钙、硫酸钾、硫酸钾镁、硫酸镁等，但只有硫黄、石膏被专门用作硫肥施用。因空气中有许多含硫的杂质或化合物，雨水、灌溉水和部分肥料农药（石硫合剂等）也含有硫。

6. 微量元素肥料

微量元素肥料是指能够供给植物多种微量元素的无机肥料。微量元素肥料用量虽然少，但每种元素对桃的生长又是必不可少、不可替代的。常用的微量元素肥料有螯合铁、硫酸亚铁、硫酸亚铁铵、硼砂、硼酸、聚硼酸钠、硫酸锌、螯合态锌、硫酸锰、碳酸锰、螯合态锰、钼酸铵、钼酸钠等，应根据桃园的具体情况选择使用不同的微量元素肥料。

（二）有机肥

有机肥料的主要成分为有机质，除此之外还含有桃树所需的多种营养元素。有机肥的养分含量较齐全，主要以有机状态存在，需要经过微生物发酵分解后才易于被植株根系吸收。有机肥含有丰富的有机质，肥效长，在基肥中大量使用，能长期稳定地提供果树所需营养元素。同时，使用有机肥对于桃园土壤、果树生长、果实品质都有良好作用。目前，常用的有机肥有农家肥、堆肥、沼肥、饼肥、绿肥和商品有机肥等，必须经过充分发酵腐熟后才能在生产中使用。

1. 种类

常见有机肥包括堆肥、绿肥、沼肥、饼肥等。

（1）堆肥。

堆肥是以秸秆、杂草、落叶、垃圾和其他有机废物等为原料，混合后经高温发酵堆沤而成。堆肥堆沤过程中有机物经过微生物发酵转化成作物可吸收的营养。堆肥一般含有丰富的有机质，碳氮含量比较少，主要作基肥使用。

（2）沼肥。

秸秆、人畜粪尿、杂草等各种有机物料，在密闭的沼气池内经厌氧发酵生产沼气后所剩残渣和肥液，称为沼气肥，简称沼肥，包括沼液和沼渣。沼肥是矿质化和腐殖化比较充分的肥料，因此较一般的有机肥料利用率高。沼肥养分迟缓（沼渣）、速效（沼液）兼备，腐殖质含量较高和富含激素、维生素类物质。在生产上，主要用作基肥，要深施覆土，以免养分损失。

（3）绿肥。

绿肥是指植物嫩绿秸秆就地翻压或经沤制、发酵形成的肥料，是一种养分完全的生物肥源。在桃园肥源不足的情况下，可以使用绿肥来补充养分。绿肥具有原料来源广、数量大、质量高、肥效好、成本低的特点，能改善土壤结构，提高土壤保水保肥的能力。桃园生草栽培的光叶紫花苕、三叶草、紫花苜蓿等，都是重要的绿肥来源。

（4）饼肥。

饼肥是指使用各种含油分较多的种子经榨油后的残渣制成的肥料。饼肥的种类很多，主要使用的有豆饼、菜籽饼、花生饼、棉籽饼、桐籽饼等。饼肥养分含量丰富，可作为基肥和追肥使用。作为基肥时，使用前将饼肥打碎，施入土壤中并混匀，不要过于靠近植株根部；若作为追肥使用时，需要经过发酵腐熟，否则容易发热灼伤植株根部。

2. 作用

有机肥不仅能提供给桃所需要的营养元素和某些生理活性物质，还能增加土壤的腐殖质。其有机胶体能改良黏土的结构，形成土壤团粒结构，增加土壤的孔隙度，使土壤通气性增加，又能促进土壤微生物活动，释放难以溶解的养分，提高土壤肥力。有机胶体还能吸附营养元素和水分，起到保水、保肥的作用，缓冲土壤的酸碱度，从而改善土壤的水、肥、气、热状况，为桃树根系的生长创造良好条件。

3. 特点

施用有机肥的特点：首先有机肥养分含量全面，对于改良土壤、促根养树、提高品质产量至关重要。其次有机肥属迟效肥料，肥效持久而缓慢，需要在微生物分解转化后才能释放养分供作物吸收。可供桃在整个生长期都持续不断地吸收利用。与化肥一起使用，可有效提高化肥的肥效。有机肥分解形成的腐殖质具有吸附矿质养分、减少养分流失等作用，可缓和施用化肥后的不良反应，提高化肥的肥效，减少肥料浪费现象。

（三）有机—无机复混肥

有机—无机复混肥是指利用经过无害化处理的有机物和无机化肥（主要指氮、磷和钾肥）作为主要原料，经机械加工而成的固体肥料。有机—无机复混肥一般用作基肥，也可作追肥使用。

（四）微生物肥料

微生物肥料包含农用微生物菌剂、复合微生物肥料和生物有机肥。

1. 农用微生物菌剂

农用微生物菌剂是指目标微生物（有效菌）经过工业化生产扩繁后加工制成的活菌制剂。它具有直接或间接改良土壤、恢复地力，维持根际微生物区系平衡，降低有毒、有害物质等作用。其主要应用于农业生产，通过其所含微生物的生命活动，增加植物养分的供应量或促进植物生长，改善农产品品质及农业生态环境。主要与其他肥料一起基施。

2. 复合微生物肥料

复合微生物肥料是指特定微生物与营养物质复合而成，能提供、保持或改善植物营养，提高农产品产量或改善农产品品质的活体微生物制品。其在生产上使用较多，主要用作基肥。

3. 生物有机肥

生物有机肥是指特定功能微生物与主要以动植物残体（如畜禽粪便、农作物秸秆等）为来源并经无害化处理、腐熟的有机物料复合而成的一类兼具微生物肥料和有机肥效应的肥料。其在生产上使用较多，主要用作基肥。

三、施肥技术

（一）施肥原则

桃树施肥原则：增施有机肥，合理施用无机肥；秋肥施基肥，增施磷钾肥、适时根外追肥；幼龄树勤施、薄施，以氮肥为主，适量施用磷钾肥；初结果树要控氮、增磷、补钾；盛果期树要氮磷钾配合施用。提倡测土配方施肥。

（二）幼树施肥

幼树期是指桃树定植第一年至结果前的时期，桃树在这个时期长成一定大小的树冠和骨架。为促进树冠快速形成，这一时期以施氮肥为主。

定植后，由于幼树较小，根系不发达，施肥须少量多次。待新梢长出10 cm左右时，开始施肥。每株施尿素 20～30 g，每 7～10 天一次，以促进抽梢。7—8月增施钾肥，每株施硫酸钾 30～50 g，每 15 天一次，以促进枝梢老熟。9—10月增施有机肥，每株施腐熟有机肥 10～20 kg，以促进树体营养积累和根系生长。

如种植密度大，建园时使用大量有机肥改土，生长期勤追肥，部分桃树当年树体基本成形，第二年可试结果进入初果期。如种植密度小，桃树的树体当年未成形，第二年继续按照幼树施肥方法管理。肥料用量视树势而定，可在第一年的用量上增加 50%～100%。

（三）结果树施肥

桃树每生产 100 kg 果实，需要消耗纯氮 0.5～0.7 kg，纯磷 0.2～0.5 kg，纯钾 0.7～0.8 kg。加上根系、枝叶的生长需要，及雨水淋洗流失和土壤固定，土壤肥力中等的桃园，每年施肥用量将是果实消耗的 2～3 倍。

桃树全年肥料的施用量应根据树势、树龄、产量、土壤肥力状况等综合分析确定。一般每亩生产 2000 kg 果实，全年应施入腐熟农家肥 3000～4000 kg 或商品有机肥 500 kg、硫酸钾 50 kg。

1. 施基肥

（1）施肥时期。

基肥一般在桃树落叶前一个月至早春萌动前施用，宜早不宜迟。最佳时间在秋季 9 月下旬—10 月中旬，这时正是根系生长高峰，在施肥过程中造成的根损伤也容易愈合，并可促进发新根；另外，地温尚高，有利于微生物分解转化有机质和促进新根吸收养分，对秋季保叶，增加树体营养储存，提高花芽质量和翌年萌芽、开花、结果均有明显的促进作用。

（2）基肥用量。

基肥以腐熟的堆肥、农家肥及商品有机肥为主。每亩施入 1500～2000 kg 农家肥或 250 kg 商品有机肥，过磷酸钙 50～100 kg。如安装有滴灌系统的桃园，可将全年的有机肥和过磷酸钙全部一次性施入。

（3）施肥方法。

基肥可采用环状沟施、条沟施、放射状沟施、穴施、撒施等方法。环状沟施即在树冠滴水线外围开一环状沟，深 30～40 cm，宽 30 cm 左右；条施在树冠东西或南北两侧开沟，长 100～120 cm，每年变换位置；穴施在树冠滴水线下挖 6～8 个小穴，将肥料施入；撒施即在全园均匀地撒施后，再用旋耕机翻耕 20 cm 左右，将肥料翻入土中。生产上采用环状沟施及条沟施较多。基肥应与土壤充分混匀后回填，并浇足水后才能发挥最大肥效。

2. 追肥

追肥是在桃树需要营养的几个关键期前进行补充施肥，增产提质效果显著。追肥用量的确定应遵循"看树势、看品种、看果量"的原则。

（1）花前肥。

花前肥在花芽膨大时，即在桃树开花前 15 天左右施入为宜，追肥应以速效性氮肥为主。树势好的品种可免施，树势弱的品种每株可施尿素 0.25～0.5 kg。

（2）稳果肥。

在谢花后 15 天左右的幼果期，即幼果直径在 1 cm 左右时，应根据树势情况追施稳果肥。内膛多数挂果枝每枝抽发嫩枝少于两枝的弱树，每株应补施农家肥 25 kg 或商品有机肥 5 kg；内膛多数挂果枝每枝抽发嫩枝达到 4～5 枝的壮树暂不施肥。

（3）壮果肥。

采果前 1 个月是果实迅速膨大期，此时所施肥称为壮果肥。以施钾肥为主，可有效增产和提高品质。早熟品种的壮果肥一般与稳果肥同时施用；中晚熟品种在果实成熟前一月，施入以硫酸钾为主的肥料。

一般每亩生产 2000 kg 果实，应施入农家肥 1000 kg 或商品有机肥 250 kg，并与硫酸钾 50 kg 或草木灰 250 kg 混合使用。有条件的可改施腐熟油菜饼，对改进果实品质效果更佳。有机肥与化肥混合使用不仅能提高化肥利用率，还能提升果实品质。

3. 根外追肥

根外追肥又称叶面施肥，是将水溶性大、中、微量元素肥料或具有生物活性的物质配制成低浓度溶液，喷洒在生长中的桃树叶面上，达到快速补充养分或纠正缺素现象的目的，是有效平衡树体营养的一种施肥方法。

全年叶面追肥 2～4 次，盛花期叶面喷施 0.3％～0.4％的尿素＋0.3％硼砂；果实膨大期和花芽分化期，叶面各喷施 0.2％～0.3％的尿素＋0.3％磷酸二氢钾一次；采收后，结合病虫害防治，还可喷施 0.3％～0.5％磷酸二氢钾一次。

桃树叶面喷肥最适宜气温为 18℃～25℃，无风或微风，湿度大些为好。如在高温下喷肥，水分蒸发迅速，肥料溶液会很快浓缩，既影响吸收，又容易发生药害。因此，夏季喷肥最好在下午 4:00 后或上午 9:00 前，天气较凉爽或多云时进行；春秋也应在气温不高的上午 10:00 前或下午 3:00 后进行，若遇雨应及时补喷。应严格掌握浓度，宜低不宜高。

4. 注意事项

（1）有机肥和化肥结合使用，才能提高果品质量，单独用化肥易引起土壤板结，品质下降。

（2）施用的有机肥为腐熟有机肥，若施入未腐熟的有机肥会引起烧根，重则导致桃树死亡。基肥应施在树冠外围下枝叶最多的地方，同时也是根系最多的地方。

（3）城市垃圾要慎用，垃圾肥成分复杂，必须清除金属、橡胶、塑料制品、砖瓦等。不得含重金属有害物质，需经无害化处理方可施用。

（4）掌握控氮，增磷、钾肥。很多果农偏爱施氮肥，往往容易造成枝叶旺长，结果少，尤其桃树发枝力强，容易旺长。但要注意三要素与微量元素配合使用。

（5）桃树喜微酸性土，pH 在 4 以下时易发生缺镁症，可通过添加石灰来调节；pH 在 7 以上的紫色土壤中易发生缺铁、缺锌、缺镁，应通过多施酸性肥及绿肥改良土质。

第三节　水分管理

一、桃树对水分的要求

桃树与其他果树一样，对水分有一定的要求：一是比较耐旱，二是非常怕涝。大多数果树要求的土壤最佳含水量为田间最大持水量的 60%～80%，而桃树要求的最佳土壤含水量则稍低于这一指标。也就是说，桃树相对比较耐旱。一般认为，桃树在土壤的持水量为 20%～40% 时也能生长，持水量降到 15%～20% 时枝叶开始出现萎蔫现象，当持水量低于 15% 时，旱情已非常严重，需持续抗旱。

桃树非常怕涝。桃树的根系对氧的要求较高，当土壤疏松透气、含氧量较高时，桃树能正常生长；当土壤黏重不透气或积水，导致土壤含氧量偏低时，桃树部分细根就开始死亡，影响地上部分生长；如土壤缺氧持续时间过长，会造成大量根系死亡，甚至导致死树。

二、灌水

（一）灌水时期

原则上，桃树在一年中的各个时期都需要水分，如遇上干旱，则需要进行灌溉。根据桃树在一年中各个时期生长发育的特点，萌芽前和硬核期对水分需求较多。

桃树萌芽前，土壤干旱浇灌一次透水；谢花后至硬核期，及时浇灌水保持土壤含水量为 20%～40%；硬核期灌水量适中；果实采前半月，禁止灌水，并防止田间积水。

1. 萌芽期和开花期

土壤中水分充足，可促进新梢生长，开花坐果正常。在萌芽期和开花期，成都地区土壤较干、降雨较少，应注意灌水，灌水量以保持树盘湿润即可。

2. 硬核期

桃树对水分敏感，缺水或水分过多时均会引起落果。中晚熟品种硬核期在 5 月中下旬至 6 月上中旬，正值成都地区雨期，降雨较多，应做好排水工作。如土壤干旱，则仍需灌水。

3. 膨大期

桃果膨大期需水较多。中晚熟品种膨大期在 6 月底至 7 月上中旬，正遇高温干旱季，应结合施肥灌水 1～2 次。但成都地区有些年份 6～7 月会连续多日阴雨，土壤含水较多，应加强排水。

4. 落叶前期和越冬期

一般在落叶前一个月施基肥，施完后应灌一次透水，有利于基肥分解和根系吸收养分。越冬期如土壤太干，应适量灌水 1～2 次。

（二）灌水方法

灌水应结合当地立地条件和经济水平而定，通常采用的灌溉方式有穴灌、沟灌、畦灌、漫灌等。近几年随着科学技术的发展，许多干旱地区兴起了节水灌溉技术，如喷灌、滴灌、膜下渗灌及使用保水剂、防土壤蒸发和防叶片蒸腾剂等，均取得很好的效果。

1. 浇灌或漫灌

浇灌或漫灌是在树冠滴水线以内，挖数个穴或环沟，用水管将水引入穴内灌满；也可直接将水浇在树盘下。该方法的优点是灌水量大、保持时间长，但用水量大、耗电量大，只适宜在水源充足的地方采用。

2. 喷灌

喷灌是通过管道微喷头将水喷到树冠上或树盘四周，具有节水保土的作用，比地面灌水可节水 30%～50%，沙地桃园可节水 60%～70%；能调节桃园小气候，避免低温干热对桃树造成的危害；能节省劳力，减少地面灌溉渠道，便于机械操作。但风大的地区不宜采用喷灌。

3. 滴灌

滴灌是通过管道滴头直接将水送到桃树根部，既可减少灌水过程中的水分蒸发，又可防治土壤板结。尤其密植园及缺水地带更为需要，是一项节水、节能的技术措施。

三、抗旱栽培

成都范围的山区大多数桃园灌溉条件不足，因此抗旱栽培对桃树健康发展和提高产量、品质有重要作用。下面介绍一些常见的抗旱栽培措施。

（一）合理密植

在少雨地区合理密植可使果树获得充分的水分、养分，实现果实优质丰产。但栽植前应深松土壤使根系下扎更深，以吸收深层水分，从而增强抗旱能力。可采用挖大坑或挖深沟的方式疏松土壤。

（二）合理修剪

选用主干形树形较为抗旱。在修剪时少造成伤口，剪后用伤口保护剂保护剪锯口等可减少树液蒸发。春季抹掉多余的萌芽，夏季疏掉无效枝梢。实行以花定果、合理负载，严格控制产量，减少树体养分的无效消耗。

（三）合理施肥

增加施肥投入，多施有机肥，改变偏施氮肥的习惯，增强树势，增加树体的抗旱能力。成都地区秋季雨水多、土壤湿度大，及时施基肥有利于树体养分的积累和储存。这样可使来年春季桃树健壮生长、叶片大，利于开花结果，增强抗旱能力。施肥时应合理深施，诱导根系向下生长，增强桃树的抗旱性能。

（四）穴贮肥水

穴贮肥水在土层较薄、无水浇条件的山丘地应用效果尤为显著，是干旱桃园重要的抗旱、保水措施。具体操作如下。

1. 钻贮肥穴

在树冠投影边缘向内 20～40 cm 处，用钻孔机钻一个深约 40 cm、直径 15～25 cm 的贮肥穴。

2. 放草把

将事先放在水中或 5％～10％的尿素液中浸透的作物秸秆或杂草把投入穴中，草把直径稍小于贮养穴、长 30～35 cm 即可。要求草把要立于穴中央。如有条件可埋入一根直径 110 mm、长 35 cm 左右的 PVC 管，再放草把，最后在管外回土。

3. 回填肥土

草把周围用混有肥料的土壤踩实，每穴用 5 kg 土杂肥、150 g 过磷酸钙、50～100 g 尿素或复合肥与土混匀后回填，并适量浇水。

4. 确定贮肥穴数量

依树冠大小确定贮肥穴数量，冠径为 3.5～4 m 时挖 4 个穴，冠径为 6 m 时挖 6～8 个穴。

5. 整理树盘

使营养穴上口低于地面 2～3 cm，形成盘子状，每穴浇水 3～5 kg。

6. 穴上覆膜

树盘整理之后即可覆膜，用 1.5～2 m² 的厚黑膜将营养穴覆盖，四周及中间用土压实。注意在贮肥穴草把正上方打孔并用石块或土堵住，以便将来追肥浇水或承接雨水。

7. 撤除或更换农膜

进入雨季，即可把地膜撤除，使穴内贮存雨水；一般贮肥穴可维持 2～3 年，草把应每年换一次。发现地膜损坏后及时更换，再次设置贮肥穴时改换位置，逐渐实现全园改良。

（五）施用保水剂

保水剂是一种吸水能力特别强的功能高分子材料，具有吸水保水性极强的特点。其吸水性能通常超过自重的 1000 倍，并有优异的保水保肥性能。在干燥的环境下，保水剂表面能形成阻力膜，阻止膜内水分外溢和蒸发。如果在 1 m² 的范围内撒下 100 g 保水剂，便可使土壤水分增加 800 倍，使土壤水分蒸发减少 75％，并可从大气中吸水。在一次浇水或雨后便可把水分长期保留下来，供果树长年吸收。

由于保水剂吸水的同时还能将溶于水中的矿物营养元素吸收，在释放水分的同时也能缓慢释放养分，因此起到保肥作用。另外，它遇水膨胀与失水干缩的循环，可以增加土壤孔隙度，防止土壤板结，有利于根系呼吸、生长发育。

（六）应用抗蒸腾剂

果树吸收的大部分水分用于蒸腾，而用于树体生理代谢的只占极少部分。因此在不影响树体生理活动的前提下，适当减少水分蒸腾，就可达到经济用水、提高树体水分利用率的目的。当前，水分消耗的化学控制已越来越受到重视。一个理想的能够提高植物抗旱能力的药物的筛选，应要求既能促进根系发育，又能在一定程度上关闭气孔，降低蒸腾作用，即同时具有"开源"和"节流"的作用。如在果树上应用黄腐酸，能明显降低蒸腾作用和提高水热，并且叶温未受明显影响。在早期喷布，会明显改善树体内的水分状况。

（七）其他方法

深翻可以增加土壤空隙和破坏土壤的毛细管，以增加土壤含水量，减少土壤水分的蒸发；在干旱来临之前的雨季后进行中耕，可减少土壤蒸发和清除杂草；地面覆盖是坡地和河滩沙地桃园防旱的重要措施。在高温干旱季节，桃园生草区由于地表覆盖，可有效降低地表温度，减少地表水分蒸发；用肥沃的土壤、河泥、塘泥、菜园土等培土，可以增厚土层、减少水分蒸发，夏季可降低土温，冬季可增加土温，在瘠薄桃园效果明显。

四、排水

（一）排水

桃树怕涝，务必做好雨季的防涝排水工作。桃园在建园规划时，应系统而充分地考虑排水问题。如桃园选址在山地或坡地上，要沿等高线每行布置一条排水沟，这样能利用自然落差顺畅排水；地势较平的桃园要求每隔 1~2 行要布置一条排水沟。沙地桃园更要注意排水，因为沙地积水有时在表面是看不出来的。雨季土壤水分常达饱和状态，易导致树体根系腐烂，提前落叶并发生流胶病害，因此应重视排水，否则容易造成经济损失。近年来，成都地区新建设的桃园均采用了"聚土高厢深沟"的栽培模式，起到了疏水、排水的作用，是目前大力提倡的方式。

（二）遭受涝害后的补救措施

遭受涝害后应及时开沟排除积水，使积水从沟中流走，排除积水后适时松土，及时保证空气进入土壤；扒开树盘下的土壤，使水分尽快蒸发，让部分根系接触空气，根据天气状况 1~3 天后再重新覆土，以防根系曝晒受伤；施用经过腐熟的骨粉、过磷酸钙等，或用生根粉灌根以促进新根的发生。涝害会使桃的根系受到损伤，导致吸收土壤营养物质的能力大大下降。因此，可以用 0.3% 左右的尿素以及 0.1%~0.2% 的各种矿质元素喷施于树冠，以补充营养，恢复树势；对受涝害影响严重，发生枯枝落叶、根系腐烂、生长衰弱的树，可进行适当修剪以促发新梢和新根。

第四节　水肥一体化技术的应用

　　水肥一体化技术是指灌溉与施肥融为一体的农业新技术。水肥一体化技术借助压力系统（或地形自然落差），将可溶性固体或液体肥料按土壤养分含量和作物种类的需肥规律和特点配兑成肥液与灌溉水，通过可控管道系统供水、供肥。水肥相融后，通过管道和滴头（滴箭）形成滴灌，能均匀、定时、定量地浸润作物根系发育生长区域，使主要根系周围土壤始终保持疏松和适宜的含水量。水肥一体化技术具有节约人工成本、节省劳动时间、提高肥料利用效率、增加作物产量、利于提高农产品品质的优点，还可避免常规施肥易过量并引起挥发和流失等问题，有利于保护环境。

　　水肥一体化技术的灌溉类型有滴灌（通常指地面滴灌）、微喷灌、喷灌、地下滴灌及渗灌等。目前，成都地区大中型桃园以滴灌系统为主，散户以简易的水肥一体化或施肥枪模式为主。

一、滴灌系统

　　滴灌是滴水灌溉的简称，它是使用"滴灌系统"设备把灌溉水或溶于水的化肥溶液加压（或利用地形自然落差）、过滤，通过各级管道（PE 塑料管）输送到田间，再通过滴水装置（滴头或滴箭）将水以水滴的形式不断地湿润作物根系最发达的部分土体，使作物根区的土壤水分经常保持在适宜作物生长的最优状况，从而达到增产的目的。

　　（一）施肥优点

　　1. 增加产量，改良品质

　　由于滴灌具有灌水均匀的优点，把灌溉水和溶于水中的化肥直接输送到果树根区，可适时适量地满足果树生长所需的水和养分。因此与其他灌溉方法相比，滴灌果树的产量更高，果品质也得到改善。

2. 节约灌溉用水

由于滴灌是通过封闭的管路系统把灌溉水从水源地输送到果树根部，消除了渠道输水过程中的蒸发和渗漏损失，而且仅湿润果树根区的局部土壤，比地面灌溉方法减少了株行间土壤蒸发损失、田间径流和深层渗漏损失等，使灌溉水的利用率得到显著提高。

3. 省工

安装滴灌系统的桃园实现了管道输水和固定的灌水装置（滴头）灌水，不仅大大提高了灌水效率，而且节省了劳动力。在山丘区，滴灌不需修渠、挑水、浇水等用工，节省了许多劳力。

4. 节约能源，运行费低

在机井或提灌站供水的情况下，由于灌溉省水，比喷灌或地面灌溉减少了抽水量，因此减少了能量消耗和运行费用。虽然灌溉系统运行需要一定的工作压力，比地面灌溉多消耗一部分能量，但是在提水灌溉的条件下，调控因省水而节省的能量一般都远远超过灌溉多消耗的能量。

（二）滴灌工程的组成

滴灌系统由水源工程和滴灌系统两部分组成。

1. 水源工程

水源工程依水源的种类而异，一般有小型水库、塘坝、蓄水池、抽水站等。水源工程的作用就是按设计要求，提供一定量的灌溉水，保证滴灌系统的用水需要。

2. 滴灌系统

滴灌系统包括把灌溉水从水源输送到受水的果树根部土壤的全部设备，它由首部枢纽、输配水管网和滴头三部分组成。

（1）首部枢纽。

首部枢纽是滴灌系统的控制中枢，通常由加压设备（水泵及动力机）、施肥设备（化肥罐及肥料注入装置）、过滤设备及系统控制与安全保护装置（控制阀、水表、压力表进排气阀等）组成。因为这些设备常集中设置在供水的水源附近，故称首部枢纽。

首部枢纽的作用：①从水源取水、加压，向系统提供设计要求的流量和水压力；②按要求的时间和浓度，施用可溶性化肥或农药；③过滤灌溉水，滤除水中含有的可能堵塞管路和滴头的各种污物，保证系统安全运行；④计测和累计系统的用水量；⑤按设计要求，控制和调节供水干管的运行压力和流量。

（2）输配水管网。

输配水管网由干管、支管、毛管和各种管件，以及一些必要的流量、压力调节设备组成，呈树枝状分布于田间。干管、支管和毛管由不同规格的管材组成，每种规格的管材都配有相应的接头、堵头、三通、弯头、变径接头及旁通等管件。其作用是把灌溉水或化肥溶液输送到果树行间，并均匀地分配到滴头。干管和支管一般埋入地下 40~60 cm 深，毛管一般布设在地面，以便检修或移动。

（3）滴头。

滴头是灌水装置，安装在毛管上。其作用是使毛管中的压力水经过滴头的狭长流道或微小孔口时，造成能量损失，从而使灌溉水以点滴方式滴入果树根部土壤。一般以每小时数升的低流量缓缓均匀滴出或流出。

（三）滴灌设备

1. 加压设备

加压设备指向系统供水的水泵及配套动力机。滴灌系统有压灌水，滴头的工作压力一般为 0.3~1.2 kg/cm^2。因此，除自压滴灌系统，需要水泵从水源抽水加压，向系统提供要求的流量和水压力。

水泵的选型应根据滴灌系统的设计流量和设计扬程确定。在滴灌水源为地表水或浅层地下水（井洞水位距地面小于 10 m）时，通常采用低功率的离心泵。井洞水位超过 10 m 时，可采用深井泵或潜水电泵。配套动力机应根据当地条件，选择电动机或柴油机。

2. 施肥设备

施肥设备指盛装化肥溶液的容器（通常称为化肥罐）及注入设备，常见的有压差式施肥罐、文丘里施肥器和比例施肥器。

（1）压差式施肥罐。

压差式施肥罐是通过灌溉水在罐中过流，将罐中肥料溶解稀释带进灌溉管道的施肥设备。体积较大的金属施肥罐可以安装在首部，体积较小的塑料施肥罐可以安装在田头。施肥前先灌水 20~30 min，将溶解好的肥料母液过滤后注入施肥罐，罐内注满水后，调节压差保持正常施肥速度，灌至肥料施完，再添肥料。

（2）文丘里施肥器。

文丘里施肥器是一种通过施肥器流道管径变化产生负压吸肥的设备。文丘里施肥器与主管上的阀门并联安装，将肥料母液过滤后注入一容器中，将文丘里施肥器吸头包裹上过滤网放入肥液中，注意不要触到容器底部，灌水30 min后打开吸管上的阀门并调节主管上的阀门，调节进、出口压差，使吸管能够均匀稳定地吸取肥液。施肥完毕后，继续灌溉 20 min。文丘里施肥器一般安装在棚头或田头，可以实现独立施肥。

（3）比例施肥器。

比例施肥器又叫活塞施肥器，是靠水压带动活塞运动将高浓度的溶液（药剂、肥料等）按设定的比例吸入管道中的设备。比例施肥器有多种规格可以选择，应与灌溉设备配套，按控制规模选择施肥器规格。比例施肥器可以串联也可以并联安装，通常安装在首部供水管路中。

3. 过滤设备

过滤设备是滴灌系统的关键设备之一，其作用是滤除灌溉水中的杂质、污物（泥沙、悬浮物等），防止滴头堵塞，保证系统正常运行。常用的过滤器有滤网式、沙砾料滤层式、离心式及沉沙池等。

（1）滤网式过滤器。

滤网式过滤器是最常用、最简单的一种过滤设备，其外壳用金属或塑料制成圆柱形，滤网用耐腐蚀的金属丝或尼龙丝制成。根据水源情况和对水质的过滤要求，可选用不同孔目（80~200 目）的滤网。该过滤器对滤除灌溉水中的泥沙等固体颗粒效果最好，但对藻类和其他有机物则过滤效果不理想，容易被糊住滤网孔眼而造成堵塞。滤网堵塞需要清洗时，应关阀停水，取出滤芯进行手工清洗。目前，国内已生产出自动冲洗的滤网过滤器，可以在不停水的情况下自动开启冲洗阀门，将污物冲出罐外，运用维修颇为方便。

（2）沙砾料滤层式过滤器。

沙砾料滤层式过滤器是一种介质过滤器，采用不同粒径的多滤层砂、砾石按层次分装于过滤筒内，水从上向下流动通过滤筒时，砂和砾石就能起过滤作用。砂、砾石的粒径大小可根据对水质的过滤要求来确定。这种过滤器既适合于过滤泥沙等无机污物，又适合于过滤有机污物，是一种理想的过滤器。

（3）离心式过滤器。

离心式过滤器也称涡流砂粒分离器，其结构原理是通过水流在过滤罐内做旋转运动时产生的离心力将水中比重大于1的泥沙颗粒抛向边缘，再靠重力把泥沙沉入下面的储污筒中，从而达到过滤的目的。过滤后的清水由上部的出水管进入干管。

该过滤器结构简单，适用于含砂量较多的水井。在其下游常安装一个筛网过滤器，以便离心式过滤器起动前和关闭后拦截污物。

（4）沉沙池。

沉沙池是利用重力作用沉淀污物。当水源含有大量泥沙和污物时，可利用沉沙池先沉淀一部分泥沙，以减轻首部枢纽过滤器的负担。

4．系统控制与安全保护装置

为了系统管理、运用的需要，以及保证滴灌设备安全运行，必须在首部枢纽安设一系列控制与安全保护装置。常见的有以下八种。

（1）流量控制阀。

在机压滴灌系统的水泵出水侧及自压系统中的引水干管首部需设置总开关阀，用来控制与调节系统的流量。

（2）水表。

为了控制与计量系统的用水量，一般在首部总开关阀后安装水表，而且必须安装在化肥罐之前，以防止腐蚀水表。

（3）压力表。

压力表是监测管道中水压力的仪表。在压差式化肥罐后安装压力表，用来观察化肥罐进出水管间的压力差。在过滤器后也需安装压力表，用来检查水流穿过过滤器所产生的水压损失，以估计过滤器的堵塞程度，决定是否需要清洗。在压力表的连接管上应安装控制阀门。

（4）真空表和进气阀（管）。

真空表用来监测管道的负压，通常设置在自压滴灌系统干管上总开关阀的下游。

在自压系统中，当突然关闭总开关阀时，在停水的初始阶段，管道内常出现负压而压扁管道，甚至造成管道的纵向断裂破坏。作为预防措施，可在真空表后装设进气阀。当管道产生负压时，空气经进气阀进入管道，可保护管道免受负压破坏。

（5）泄水排污阀。

为了排除沉淀于蓄水池底的泥沙等污物，并在非灌溉季节放空蓄水池中的余水，避免冬季冻坏水池，应在池底低凹处装设排水管，并在伸出池墙外的管道末端安装泄水排污阀门。

（6）安全阀或水锤消除器。

为防止产生水锤，在高扬程的水泵出水管首部应安装安全阀或水锤消除器，以避免出现水锤而破坏管道。

（7）逆止阀。

为避免因供水中断，含肥料的水倒流进入水源，应在肥料注入系统的前方安装一个逆止阀。

（8）拦污滤网。

为防止水泥中的杂草等污物进入滴灌系统堵塞管道和滴头，在机压系统中应在水泵进水管的底阀安装拦污滤网，每平方厘米滤网孔目数在 30～60 为宜。蓄水池中藻类的生长和风吹来的污物会带来新的过滤问题，因此在蓄水池自压滴灌系统中，应在池内引水干管的进水口装设框架式拦污滤网。拦污滤网对减轻首部枢纽过滤器的负担、预防堵塞具有明显效果。

5. 管道及管件

（1）管道。

我国滴灌管道多采用塑料管，因选用材质不同而有半软管和硬管两种类型。半软管采用低密度聚乙烯材料制成，硬管通常由聚氯乙烯或聚丙烯两种材料制成。

目前，国产滴灌塑料管是使用低密度聚乙烯掺加 $1\%\sim2\%$ 的炭黑，经挤出成型加工而成，具有比重小、造价低、表面光滑、耐腐蚀等优点。$\varnothing50$ 以下管径的小口径管材可以盘卷出厂，脆化温度为$-70℃$，断裂伸长率$>100\%$。根据水力学计算和实践总结，国内生产的管材内径是 $\varnothing10$、$\varnothing12$、$\varnothing15$、$\varnothing20$、$\varnothing25$、$\varnothing32$、$\varnothing40$、$\varnothing50$、$\varnothing65$、$\varnothing80$、$\varnothing100$，共十一种规格。

（2）管件。

管件就是按照需要将各种管材进行连接和组合的部件，例如接头、堵头、三通、弯头和旁通等。管件采用高密度聚乙烯塑料，经注射成型工艺加工制成。目前，各种规格管材的配套管件已达 70 余种。另外，双螺纹接头有 40 mm×40 mm 和 25 mm×25 mm 两个规格。调压管规格为 $\varnothing40$，调压管接头规格有 10 mm×4 mm 和 10 mm×6 mm 两种。

6. 滴头

在滴灌系统中，通过流道或孔口将毛管中的压力水流变成滴状或细流状的装置称为滴头。滴头多由塑料制成，常用的滴头流量为 1～4 L/h，一般不大于 12 L/h。果园中常用的是压力补偿式滴头配滴箭使用。

（四）滴灌系统使用简介

1. 水分管理

在整个生长季节使根层土壤保持湿润即可满足水分需要。特别在果实膨大期，土壤含水量应尽量保持一致。当土壤含水量波动太大时，容易造成严重的裂果现象。一般在果实采收前 30 天左右停止灌溉。

2. 养分管理

（1）肥料选择。

在肥料选择上，以不影响灌溉系统的正常工作为标准。能量化的指标有两个：一是水不溶物的含量。针对不同灌溉模式的要求，滴灌系统水不溶物含量要尽量低。二是溶解速度快慢。肥料溶解速度与搅拌、水温等有关。可以选择液体配方肥、硝酸钾、尿素、磷酸一铵、硝基磷铵、水溶性复混肥作追肥。特别是液体肥料，在灌溉系统中使用非常方便。

（2）施肥方案的制定。

桃树为木本浅根系果树，其特点是结果期较长，花量大，抽生多次梢。根系一般分布在 10～40 cm 的土层。枝梢生长及果实发育期是养分吸收的关键期，通过灌溉系统追肥的时间应安排在萌芽前至果实糖分累积阶段。根据目标产量计算总施肥量，施肥量分配主要根据吸收规律来定。

（3）施肥建议量。

氮肥、钾肥、镁肥可全部通过灌溉系统施用；磷肥主要用过磷酸钙或农用磷铵做冬肥施用；微量元素通过叶面肥喷施；有机肥作基肥用，与磷肥混合使用效果更佳。

（4）施肥原则。

使用滴灌系统，为充分发挥水肥综合管理技术优势，施肥方面应把握以下基本原则。

①少量多次原则。肥料分配应根据作物的养分吸收曲线来确定，吸收多时分配多（如旺盛生长期、果实快速膨大期等），吸收少时分配少（如苗期、果实收获前期等）。"多次"是指比常规施肥多 3 倍以上的次数，特别是砂土土质，更加强调"少量多次"。

②养分平衡原则。种植户通常重视氮肥、磷肥、钾肥的施用，易忽略钙、镁及微量元素的补充，最后仍无法获得高产、优质的结果。目前，水溶性复合肥料有多种配方，很多配方除氮、磷、钾，还添加了钙、镁及微量元素。如果

使用单质肥料，如尿素、硝酸钾、硫酸镁等，则建议种植户通过多种方式达到养分平衡。常用方法是施入有机肥作基肥，喷施叶面肥补充微量元素，基施磷肥及常规复合肥等。

③有机无机结合原则。对刚接触滴灌技术的用户，建议有机肥与无机肥配合施用，基肥与追肥配合施用，土壤施肥与叶面施肥配合施用。

（五）滴灌设施维护及注意事项

1. 设施维护

滴灌设施是实现水肥高效管理的重要载体，要充分发挥其优势，需对其做好日常维护。主要应做好以下维护保养工作。

（1）防止漏水。

每次灌溉施肥前，检查管道接头等设备连接正常，防止漏水，如有漏水，应及时修补。

（2）定期清洗。

定期清洗过滤器及灌水器等设备，减少被堵塞的风险。一般每次灌溉施肥后应灌溉一定时间的清水，通常以施肥系统滴灌 30 min 左右，将管内肥液洗出，防止因藻类、微生物等滋生而引起堵塞。

（3）定期检查、维修设备

定期检查、维修系统的水泵、施肥、过滤、量测等设备，以保障系统正常工作。

2. 注意事项

（1）系统堵塞问题。

灌溉水质过滤是滴灌系统应用中非常重要的环节，必须引起高度重视，否则可能影响系统正常工作。如采用滴灌，过滤是决定成败的关键，常用的过滤器为 120 目叠片过滤器。如果是取用含沙量较多的井水或河水，在叠片过滤器之前还要安装砂石分离器。过滤器要定期清洗，对于面积较大的桃园，建议安装自动反清洗过滤器。

（2）肥料盐害问题。

肥害的本质就是盐害。除一次性过多施肥可能带来的盐害，土壤本身含有的盐分、灌溉水中溶解的盐分都会对桃生长产生抑制作用。通常控制肥料溶液的电导率（EC）为 $1 \sim 5$ ms/cm 或肥料稀释 $200 \sim 1000$ 倍。手持电导率仪是测定肥料浓度、土壤盐分和灌溉水盐分的最好工具。

（3）过量灌溉问题。

过量灌溉是滴灌不能发挥效果的重要原因，要引起高度重视。判断是否过量灌溉非常简单，可以挖开根系，仔细观察湿润层是否在根系范围，或者通过张力计指导灌溉。灌溉深度由根系分布深度决定。如采用滴灌，成龄树在旱季，每次滴灌时间控制为 4~5 h（时间还与滴头流量有关，流量越小，灌溉时间越长）；在雨季，滴灌系统仅用于施肥。

（4）养分平衡问题。

桃树的生长需要氮、磷、钾、钙、镁、硫、铁、锌、硼等养分的供应。这些养分要按适宜比例和浓度供应，这就是养分平衡。桃树大部分种植在土壤贫瘠的丘陵、山地，养分不平衡的问题非常突出。当采用滴灌施肥时，滴头下根系生长密集、量大，非滴灌区根系很少生长，这时对土壤养分供应依赖性减小，更多依赖于通过滴灌提供的养分。此时各养分的合理比例和浓度显得尤其重要。建议施肥时注意有机肥和化肥相配合，大量元素和中、微量元素配合施用。

（5）灌溉及施肥均匀度问题。

不管采用何种灌溉模式，都要求灌溉均匀，保证田间每株果树得到的水量一致。以滴灌为例，在田间不同位置（如离水源最近和最远、管头与管尾、坡顶与坡谷等位置）选择几个滴头，用容器收集一定时间的出水量，测量体积，折算为滴头流量。比较不同位置的出水量即可了解灌溉是否均匀，一般要求不同位置流量的差异小于 10%。也可以通过田间长势来判断灌溉是否均匀。

二、施肥枪施肥模式

施肥枪施肥模式是通过加压泵加压，将果树生长发育各关键期需要的大量元素、中量元素肥溶于水后，通过硬管输送到田间地头，再通过较短的软管与耐酸碱的不锈钢施肥枪连接，把肥液均匀地直接注射到树盘土壤吸收根的集中分布区，从而实现省力与肥料的高效利用。

（一）施肥优点

该种模式使用的液体肥料可直达桃树根部，不仅使养分均匀地分布在土壤吸收层，还使根系更好地吸收，提高化肥利用率 20% 以上。使用施肥枪劳动强度低，成龄桃园每株树设 10~15 个施肥点，2~4 min 就可完成。与传统的沟施、穴施相比，节省 30%~40% 的肥料。液体肥料通过枪头注入土壤，不伤根系，不破坏地膜，即可完成追肥。

（二）施肥系统的构建

施肥枪系统由 11 个部分组成：抽水设备、配肥池、加压设备（如 7.5 kW 变频电机与 70 型三缸注塞泵组合）、肥液搅拌器、恒压控制装置（恒压控制箱、压力表及压力探头组成）、加压设备与肥液输送主管连接件、肥液输送主管（20 型硬管）、肥液输送支管（16 型硬管）、支管与软管转换连接开关（16 型铜球阀开关）、16 型耐高压软管、不锈钢施肥枪。

（三）硬管的铺设

从加压泵起，选耐 3~3.5 MPa 的不透明的聚氯乙烯硬管，沿长方形桃园中轴线铺设，每间隔 60 m 左右布设 1 个三通，在三通上安装 1 个 16 型硬管与软管连接的 16 型铜球阀开关，通过三通继续铺设硬管，直至距桃园中轴线尽头 30 m 左右为止；若桃园不规整，可通过三通进行硬管分支，直至通过连接 16 型铜球阀开关的 50 m 左右的软管能迁至每株果树。

该系统适用于面积较大的桃园，配肥池、加压设备可固定在配肥房内，由硬管将肥液引出，再接软管移动施肥。而桃园面积较小时，可不需要安装硬管，仅需大水桶、加压设备、软管和施肥枪即可施肥，并能够随意移动。

（四）施肥枪使用注意事项

（1）施肥前检测桃园土壤湿度，当土壤相对含水量低于土壤最大持水量的 60% 时，需先灌一次水。

（2）每亩桃园每次施肥液的量为 400~500 L，在树冠滴水线上间隔约 80 cm 处远施 1 枪，每枪控制时间为 6~20 s，施肥深度一般为 20~40 cm。

（3）肥料溶解时，应先溶解吸热性肥料，后溶解放热性肥料（如尿素、硫酸钾、磷肥、镁肥、钙肥等），再进行二次稀释，使肥料充分溶解。

（4）每次施肥后，需要用清水冲洗管道，避免因肥料沉淀而堵塞管道。

三、智能水肥一体管理系统

智能水肥一体技术已成为推动种植业发展的重要生产技术之一，其节水、节肥、省药、省工、增产和增效等优点非常显著。灌溉自动化技术能够严格执行灌水指令和灌溉制度，不仅可以定时、定量、定次地进行科学灌溉，而且能够提高灌溉的质量和均匀度，进而保证水肥一体化的科学性、可靠性，成为精准灌溉、精量施肥的重要技术支撑和推进农业现代化发展的重要途径之一。

　　智能水肥一体管理系统是利用传感技术、物联网技术和自动控制技术，将智能设施、高精度传感设备、大数据分析与种植工艺相结合，根据作物生长环境（土壤养分特征、土壤温度湿度、气象特征、水资源污染检测等）、作物生长周期需肥需水特征，科学制定适合当前作物生长的精准配肥策略和控制策略，实现配方施肥和农业节水灌溉的水肥融合、精准配置、自动施肥和智能管理。智能水肥一体管理系统主要包含三个部分：中央控制系统、水肥一体系统和基于传感器技术的物理感知监测系统。

第八章　桃常用高光效树形及整形要点

第一节　桃树生长特性与整形修剪的关系

一、喜光性强

桃树喜光性强，若枝叶密集容易郁闭枯死，造成下部枝条光秃，结果部位外移。故应选用开心形或加大枝距，使内膛枝充分受光。

二、萌芽率高，成枝力强

桃树年生长量较大，分枝量多，1年生枝上能萌生二次梢、三次梢，单株可抽生 20 余个枝梢，所以成形快、结果早。因此，在冬季修剪的基础上，还需进行夏季修剪，以改善内部光照，控制无效枝生长，促进有效枝尽快形成花芽，达到均衡树势、尽快投产的目的。由于成枝力强，常表现出上强下弱、结果部位易外移的特点，故对投产树采用弱枝领头、控上促下、主枝落头回缩、弯曲上升等方法，促进下部枝条生长。

三、顶端优势弱

桃树的顶端优势不及苹果树和梨树，顶端剪口附近新梢发枝多，生长量大，容易培养出结果枝，但不易培养出骨干枝。主要由于枝多分散了营养的分配，明显削弱先端延长头的加粗生长。所以幼树整形时，要注意控制延长头附近的竞争枝，确保延长头健康生长。

四、耐剪，伤口愈合差

桃树对修剪较敏感，剪口下易抽枝，容易抽生徒长枝。由于大枝修剪伤口难愈合，因此需加强夏季修剪，减少冬季对大枝的修剪。剪大枝时还需注意要剪平、不留桩，涂抹伤口保护剂，避免发生流胶病。

五、桃树顶芽是叶芽

短果枝及花束状枝只有顶芽是叶芽，其余均是花芽。修剪时，对此类枝只能疏剪，不能短剪，否则易成无叶果枝，不能形成商品果。

第二节　树体结构

桃树的枝干主要由骨干枝和 1 年生枝组成。现代桃树的树形趋于简化，树体结构较传统树形简单，骨干枝由主干、主枝及结果枝组构成，1 年生枝由生长枝及结果枝构成。

一、骨干枝

（一）主干

从地面的根颈部起至第一主枝以下的部分为主干。

（二）主枝

直接着生在主干上的永久性骨干枝为主枝。树形不同，主枝数量不同，通常有 1~3 个，根据树形而定。

（三）延长枝

主枝或结果枝组先端用于继续延长和扩大树冠的 1 年生枝条称为延长枝。

（四）结果枝组

着生在主枝上的多年生枝群为结果枝组，由若干个结果枝组成，是结果的主要部位。结果枝组又分成大、中、小三类。

1. 大型结果枝组

分枝多，结果枝在 16 个以上，长度为 70~80 cm，具有长势强、寿命长、可更新的特点。构成：小型枝组＋中型枝组＋枝群＋结果枝。

2. 中型结果枝组

分枝较多，结果枝在 6～15 个之间，长度为 40～70 cm，枝龄为 4～7 年。构成：小型枝组＋枝群＋结果枝。

3. 小型结果枝组

分枝少，结果枝在 2～5 个之间，长度为 20～40 cm，枝龄为 2～3 年。构成：枝群＋结果枝。

4. 副梢

当年新梢的副芽萌发抽生的枝梢。

5. 结果枝组的配置

主枝的中下部，宜多留大、中型结果枝组；树冠内膛留少量小型结果枝，树冠上部及外围宜多留小型枝组，形成下多上少的结构。所有枝组应向主枝两侧呈"八"字形分布和发展，大型枝组间距为 1 m 左右，中型枝组间距在 60～70 cm之间，小型枝组间距在 30～40 cm 之间，结果枝间距为 20 cm 左右。成都地区因光照较少，以培养中型枝组为主。

二、1 年生枝

桃树的新梢在一年中可多次生长，成龄结果树抽生二次梢或三次梢，幼年旺树甚至可抽四次梢。根据其生长特性和作用，分为生长枝和结果枝。

（一）生长枝

1. 发育枝

发育枝长度大于 60 cm，径粗为 1.5～2.5 cm，生长强旺，有大量副梢，其上多为叶芽，有少量花芽。生长枝一般着生在树冠外围主枝的先端，主要功能为形成树冠的骨架。

2. 徒长枝

徒长枝长度大于 100 cm，枝条粗壮，节间长，组织不充实，其上多数发生二次梢，甚至三次梢或四次梢。幼树上发生较多，常利用二次梢作为树冠的骨干枝；成年树可利用其培养枝组填补空缺部位；衰老树则利用徒长枝更新树冠。

3. 叶丛枝

叶丛枝长度为 5 cm 左右，也有 1 个顶生叶芽的极短枝，长 1 cm 左右。叶丛枝多发生在弱枝上，发枝力弱。当营养条件好转时，也可发生壮枝。

（二）结果枝

桃树的结果习性是由当年生的发育枝形成花芽，在翌年开花结果，当年生枝条不结果。枝条生长过旺、过粗都不易挂果。根据结果枝的长度可分为以下四类。

1. 徒长性果枝

这类枝条生长较旺，长度多在 60 cm 以上。其上少数有二次梢，花芽多，且为复芽。尤其是在幼树上采用长枝修剪技术后，利用徒长性果枝可以延长树冠，也可以结果。

2. 长果枝

长果枝是桃树主要结果枝，长度在 30～60 cm 之间。一般无副梢，其先端和基部多为叶芽，中部花芽多、饱满且为复花芽。在结果的同时又能抽梢，是多数盛果期桃树最重要的结果枝条，还能作更新枝以形成小型枝组。

3. 中果枝

中果枝较细，生长中庸，长度一般在 15～30 cm 之间。结果后一般只能从顶芽抽短果枝，结果寿命较短。

4. 短果枝及花束状果枝

这类果枝多着生于基枝中下部，生长弱、节间短。枝上除顶芽外均为单花芽，短果枝一般在 10 cm 以下，花束状果枝在 5 cm 以下。由于它生长停止早，所以花芽较充实饱满，如营养条件好时能结大果，结果后往往只能抽短枝，故寿命短。随树龄的增大，短果枝数目相应增多，老树大部分为此类枝。

上述各类枝梢随着树龄、树势、品种以及栽培条件而有变化。一般幼树徒长枝及徒长性结果枝多，其后结果枝渐增，至盛果期绝大部分为结果枝。衰老期短果枝和单芽枝显著增多，并于树冠基部抽生徒长枝，这是老树向心生长的特征。

第三节 常用高光效树形及整形要点

一、三主枝开心形

(一)树形构造

三主枝开心形是当前成都地区露地栽培桃树的主要树形,具有骨架牢固、易于培养、光照条件好、丰产稳产的特点。该树形一般定植密度较小,株距为3~4 m,行距为4~5 m,树高为2.5~3.0 m,主干高为40~50 cm,有三个势力均衡的主枝,呈波浪曲线延伸。主枝基部角度为50°~55°。

在生产上,树形的培养不再推荐培养侧枝,提倡在主枝上直接着生结果枝组和结果枝:一是减少枝条级数,简化树形结构,降低修剪难度;二是缩短养分运输距离和减少无效的养分消耗,有利于将营养用于产出更多果实;三是成都地区光照较少,减少侧枝有利于增加内膛光照。

(二)整形要点

一般常规栽植和计划密植园中的永久植株采用此树形。1年生成苗在距离地面60 cm左右有饱满芽处定干;定植带芽苗在新梢生长到60 cm后轻摘心定干。在主干40~55 cm之间,选留三个均匀错落分布的副梢做主枝,保持主枝和主干之间的角度在50°~55°之间,抹除其余枝条。主枝角度为第一主枝60°~70°,第二主枝50°~60°,第三主枝40°~50°。

在主枝上培养数个枝组或若干结果枝,不再培养侧枝等大骨干枝。在主枝两侧培养枝组,同侧枝组间距为70 cm左右,同侧结果枝间距为20 cm左右。每个主枝上的枝组,基部和中部以大、中型枝组为主,顶部以中、小型枝组为主,结果枝组形状以圆锥形为好。冬季修剪时,短截主枝先端不充实部分,次年再继续培养数个结果枝组并错落分布。

二、两主枝开心形

(一)树形构造

两主枝开心形又称为"Y"字形或倒"人"字形。该树形是近年来成都市主推的新树形，具有容易培养、早期丰产性强、光照条件较好、技术易掌握的特点。该树形一般定植密度较大，尤其适合宽行密株的栽培模式。一般株距在1.5～2.5 m之间，行距约5 m。树高约2.5 m，干高40～60 cm。全树只有两个主枝，在主枝上培养3～4个枝组和若干个结果枝。当株距为1.5 m时，采用无枝组"Y"字形，主枝上只配置结果枝；当株距为2.5 m时，采取有枝组"Y"字形。

（二）整形要点

该树形适于露地密植和保护地栽培。苗木定植后，在距地面50～60 cm处定干，待新梢为3～5 cm时，选留两个方向相反的枝梢培养成主枝，其余枝抹除。在距主枝基部约30 cm处培养第一枝组，依此类推培养其他枝组。第二枝组在距第一枝组约40～70 cm处培养，方向与第一枝组相反。两主枝的夹角约90°，枝组的开张角度约为50°，枝组与主枝的夹角保持约60°。每根主枝上培养3～4个枝组。计划密植栽培时，其主枝上可不配置结果枝组而直接配置大量结果枝。

三、主干树形

（一）树形构造

主干形是一种适合于密植栽培，适宜机械化管理的新型树形。目前，在成都地区应用较少，具有较大推广潜力。这类树形具有结构简单、成形快、投产早、产量高及光照利用率高、易学易掌握、适合机械化操作等优势。

该树形定植密度大，一般株距为1～1.5 m，行距为3～4 m。规模化、宜机化建园时，栽植密度推荐1.5 m×4 m。树高为2～2.5 m，冠径为1～1.5 m，干高为20～30 cm。全树只有一个直立主枝，距地表25～30 cm处有两个反向的牵扯枝，不培养侧枝。在直立主枝和牵扯枝上配置大量的结果枝，并均匀分布于四周，中长枝保留30～50个，分枝角度为70°～90°。

（二）整形要点

主干树形适于露地高密植和保护地栽培，采用带芽苗或1年生嫁接苗定植。在距地面25～30 cm处定干，确保嫁接口以上留2～3个饱满的芽。发芽后及时抹除砧木萌蘖，嫁接口以上选留3个新梢，其余新梢抹除。4月上中旬，新梢长度达20 cm左右时，选留一个直立旺盛枝作主枝并插竹竿绑缚其上，其下再选留两个方向相反并分别朝向行间的枝梢培养成牵扯枝。培养牵扯枝是非常关键的一步，处理不当会导致树冠中上部一些枝条生长过旺，与直立主枝形成竞争关系，结果枝过长、成花部位外移，上强下弱，直立主枝基部上没有好的结果枝形成，结果部位外移。牵扯枝有助于控制树冠上强和平衡树势，同时可提高早期产量。

当直立主枝延长头的新梢每长 20 cm 左右时需摘心一次，以促发分枝，直至树高在 2~2.5 m 时停止摘心，此时需落头开心控制树高。直立主枝上腋芽萌发的分枝，留 10 cm 左右摘心一次，促发细长分枝培养成结果枝。6—8 月通过拿枝使其约呈水平（分枝角度 70°~90°），有利于通风透光。牵扯枝的粗度为着生处直立主枝的 1/3~1/2，伸展空间控制在 0.5 m 以内，其上着生多个分枝培养成一个枝组。

5—6 月，可以根据树冠枝叶稠密状况进行夏季修剪，尤其要疏除上部过密枝条、短截细弱枝、直立强旺枝、徒长枝，留 3~4 叶摘心促发分枝。通过夏剪培养大量细枝，并保证树冠的通风、透光性，为中下部枝条提供光照，以促进花芽分化。7月中下旬，树体达到 2~2.5 m 高时，喷施植物生长调节剂 PBO 控制枝条生长，以促进花芽分化和形成。

冬季修剪时，树高维持在 2~2.5 m。当高度不足时，应重短截直立主枝延长头至壮芽处，以便来年促发壮枝继续延长；当高度达到 2~2.5 m 时，应选择 1~2 枝斜生细弱枝封顶。结果枝挂果后，回缩至基部分枝处，使树冠一侧的枝条伸展空间约为 50 cm。当直立主枝上着生的结果枝的基部粗度超过着生部位直立主枝一半时，应短截并保留 2~3 个芽，重新培养中庸结果枝。在直立主枝上同一高度附近，着生 3 个及以上的密生枝互相遮光时，应适当疏枝保留 1~2 个互不遮光的结果枝。对于直立主枝同侧因上下枝相隔太近而导致遮光的重叠枝，应选留花芽好的结果枝，疏除花芽少、结果少的弱枝。

只有严格落实肥水及病虫害防治等管理技术措施，才能真正实现当年栽植、当年成形、两年见效、三年丰产。

第九章　长枝修剪技术

第一节　长枝修剪技术的定义、原理及使用情况

一、长枝修剪技术的定义及原理

长枝修剪技术是果树整形修剪中一项最重要的技术改革。长枝修剪技术是相对于传统以短截为主的桃树冬季修剪技术而言的。桃树传统的冬季修剪以短截为主，要"枝枝过剪"，修剪后所保留的果枝平均长度短，一般为 10～20 cm，故称为短枝修剪。而长枝修剪技术是一种基本不进行短截，仅采用疏剪、缩剪、长放的冬季修剪技术，由于基本不短截，修剪后所保留的 1 年生果枝长度较长，一般为 30～60 cm，故称为长枝修剪技术。

采用长枝修剪的桃树生长季旺枝少，树体生长势较缓和。这样，桃树在枝叶上消耗的养分就少，树体养分流向果实的养分就较多。所以，在开花坐果期使用长枝修剪技术，可明显提高着果率，减少落花落果以增加产量。而在果实生长发育后期，则有利于增大果个。并且，长枝修剪技术控制了结果部位的外移，使果实全部挂在大主枝的附近，可吸收的养分更为充足，显著提高了优质大果的比例。

二、成都地区使用情况

长枝修剪技术是我国与先进国家技术接轨的能生产优质大果的桃树修剪新技术。成都市自 2006 年起积极组织相关人员，参加了国家"948"项目及国家桃产业技术体系成都站的技术工作。经过在北京、河南、安徽、陕西等地的技术培训，结合在龙泉水蜜桃种植上多年的试验，总结出了水蜜桃长枝修剪新技术，经 2007—2012 年在全市各试验点和水蜜桃万亩示范基地推广后发现增产

增效显著。

长枝修剪技术不仅使桃树的修剪技术简单化，较传统的短枝修剪技术工作量减轻一半，而且能在保证高产的前提下生产出优质大果，已成为提高成都地区桃产量和跨越式提升桃品质不可或缺的新技术。

第二节　长枝修剪技术与传统短枝修剪技术的特点

一、传统短枝修剪技术的特点

（1）春季剪口芽抽枝最长，树势旺，容易造成落花落果。

（2）下一年的挂果枝一般在枝条顶端的剪口芽附近选留，会导致结果部位外移。

（3）大果少，优质果比率低（30%～65%）。

（4）枝条剪留的长短标准因人而异，不好掌握，修剪工作量大，较费工。

二、长枝修剪技术的特点

（1）新梢抽发多而不旺，稳果好，产量高。

（2）枝条基部更新枝长势好，结果部位不外移。

（3）大果多，优质果率可达到80%甚至90%以上。

（4）量化了修剪操作，操作简单省工。

多年来的试验证明，采用长枝修剪技术，桃树丰产性好，一般每株比短枝修剪增产5 kg以上，最高增产可达到15 kg，亩产增加250～750 kg；还可使原来短枝修剪仅30%～65%的大果比率提高到80%甚至90%以上。

三、长枝修剪技术的优势

（1）大幅度提高早期产量。

对盛果期以前的幼龄桃树采取长枝修剪后，能明显减少新梢生长量，降低徒长枝和发育枝的比例，加快枝类的转化，使枝条迅速增加、树势缓和，提前1～2年进入结果期和盛果期，大幅度提高早期产量。

（2）维持树体的营养生长和生殖生长的平衡。

采用长枝修剪后，缓和了树体枝梢的营养生长势，容易维持树体的营养生长和生殖生长的平衡。对生长过旺的桃树，尤其是幼树，控制树体过旺生长效果更加明显。

长枝修剪后树体早期营养生长较缓和，而后期生长旺盛，与短枝修剪后的树体营养生长正好相反；且长枝修剪树体上下新梢生长势较一致，长度差别不大，而短枝修剪树体上部新梢生长很旺，徒长枝多，下部较多的新梢生长过弱，且有部分新梢枯死。

（3）有利于成年树的丰产、稳产和提高果实品质。

采用长枝修剪技术后树势缓和，优质果枝率增加，花芽形成质量有所提高。由于保留了枝条中部高质量花芽，提高了花芽及花对早春晚霜冻害的抵抗能力，有利于提高坐果率，提升树体的丰产和稳产性能。

通过长枝修剪，树体能形成"小型锯齿状叶幕"，明显改善树冠内光热微气候生态条件。和传统短枝修剪相比较，树冠内透光量提高了 2～2.5 倍，使树体更通风、透光。经长枝修剪，桃树早期叶面积形成快，树体叶面积大，叶片光合效率加强，有更多的光合作用产物输送到果实，有利于形成优质大果。同时，树冠透光率提升，使果实着色提前 7～10 天，提高着色果率或全红果率，果实可溶性固形物增加 1%～1.5%，中晚熟品种果实增大 10% 以上，果实外观品质和内在品质均得到显著提高。

（4）枝条容易更新，树体内膛不易光秃。

长枝修剪后的树体，1 年生枝更新能力较短枝修剪后更强，主要表现为：长枝修剪后可在结果枝基部抽生更新枝，而短枝修剪后在剪口下抽生更新枝；前者修剪后抽生的梢长且较多，而后者修剪后抽生的梢较短。同时，长枝修剪后树体的枝组和骨干枝上由潜伏芽发出的新梢数量多，有利于桃树枝组的更新复壮。此外，长枝修剪留枝量相对较少，树体的通风透光性好，内膛见光度高，使内膛枝更新复壮能力增强，能有效防止结果枝的外移和树体内膛光秃。

（5）开花期延长，观花效果好。

长枝上着生的花芽较多，不同部位开花时间不同，故可延长 1～2 天开花时间。且长枝观花效果好，有利于促进观光旅游业的发展。

（6）简化技术，易学易懂，省时省工。

长枝修剪技术主要以甩放、疏剪为主，总体留枝量少，树体结构简单，克服了传统修剪技术操作复杂的缺陷，简单易学，易掌握。

采用长枝修剪后的树体，生长势缓和，夏季徒长枝和过旺枝少，因此冬季和夏季修剪量少，能大量节省修剪用工。冬季进行长枝修剪较传统修剪节省用工 1～3 倍，夏季进行长枝修剪较传统修剪减少 1～2 次，显著提高劳动生产率。

（7）量化修剪标准和疏果标准。

经过长期的实践，生产上统一量化了长枝修剪标准，总结出"旺头""打苔""抽稀""留细"四种技术方法。同时也统一了量化疏果的标准：以每20 cm枝段留一果计算留果量，能更准确地按照枝条长度进行疏果和定果，使优质大果的生产方法易学、易懂、易掌握。

第三节　长枝修剪技术的主要内容

一、对延长头的修剪

（1）主枝的开张角度要保持在60°左右，枝组为70°～80°。

（2）幼树的延长头带副梢延长。

（3）成年树的主枝延长头要保持绝对生长优势，以45°倾斜向上生长；延长头顶端50 cm内不留分枝。

（4）旺树疏除部分副梢，中庸树压缩至健壮的副梢处，弱树带副梢延长。

（5）当主枝延长头衰弱、枝组衰弱或培养新枝组时，应将延长头进行短截修剪。

二、对结果枝的修剪

（1）冬剪时，将长度大于70 cm、带副梢的徒长枝和小于30 cm的偏弱枝、病虫枝全部疏除；同时，疏除立生枝、下垂枝。

（2）保留着生在主枝两侧、长度在30～70 cm间的健壮花枝，且全部长放而不短截。

（3）在主枝上，同侧枝组间的距离应为70 cm左右。在主枝和大型枝组两侧上，每20 cm左右保留1个中长果枝。

（4）修剪完成后，全树留枝量约为短梢修剪留枝量的一半，每亩约留4000～6000个长果枝。

三、对结果枝的选留及更新枝的培养

（1）树冠直立型品种的果枝以选留向上斜生枝和水平枝为主，树冠上部可

113

适当选留一些向下斜生枝和背下枝。

（2）树冠开张型品种的果枝以选留向上斜生枝为主，树冠上部可保留一些水平枝，树冠下部可选留少量背上枝。

（3）对保留下来的长果枝实行长放，翌年在果枝中上部选留果实，使果枝压弯下垂压低结果部位，果枝基部抽发生长枝，作为下一年的结果枝（即更新枝）。

第四节　田间实战操作技术

一、田间实战操作技术

长枝修剪技术田间实战操作时可简化为"4句话、8个字、4个指标"。

（一）旺头

旺三大主枝的延长头和枝组的延长头，主枝先端50 cm范围内不留分枝。

（二）打苔

去掉内膛（主要指主枝上）直立的影响光照的徒长枝（水苔枝）。

（三）抽稀

按照主枝上同侧果枝的距离为20 cm左右，同侧枝组间的距离为70 cm左右，疏除多余的果枝或枝组。

（四）留细

选留0.5 cm粗度以下的细长花枝作结果枝（并且保留短果枝作预备枝）。

二、具体操作方法

（一）生长季节修剪（夏季修剪）

1. 抹芽、除萌

通过抹芽或除萌能减少无用的新梢，有效改善光照条件，节省养分，促使留下的新梢健壮生长，并可减少冬剪因疏枝而造成的伤口。

抹芽的对象包括树冠内膛的徒长芽、剪口下的竞争芽。除萌是掰掉 5 cm 左右的嫩梢。一般双枝"去一留一"，即在一个芽位上如发生两个嫩梢，留位置、角度合适的嫩梢，掰掉位置、角度不合适的嫩梢。

2. 摘心

把正在生长的枝条顶端的一段嫩枝连同数片嫩叶一起摘除称为摘心。摘心可以控制徒长枝，促发细长枝，同时控制结果部位上移，提高花芽的饱满度。幼树利用摘心可促发分枝以提早成形。但风大的地方，细枝易断裂，宜进行绑缚。

3. 短截新梢

一般在 5 月下旬至 6 月上旬进行短截，可以抽生两个结果枝。短截过晚抽出的副梢形成的花芽不饱满。短截新梢长度以留基部 3~5 个芽为好。8 月以后，对摘心后形成的顶生丛状副梢，留下基部的 1~2 个，其余副梢"挖心"剪掉。

4. 拉枝

拉枝是缓和树势，提早结果，防止枝干下部光秃的关键措施。拉枝一般在 5—6 月进行，这时枝干较软，容易拉开定形。拉枝的方法可因地制宜，采用撑、拉、吊、别等方法。

（二）冬季长枝修剪技术原则

1. 调整长势、促进生长

在枝条中部或上部饱满芽处短剪，剪口留饱满芽。常用于骨干枝培养和扩大大枝伸展范围的修剪；重短截促发强枝，少留果或不留果。多用于更新修剪。

2. 缓和生长与抑制生长

为缓和生长，可在枝上部弱芽或盲节处剪截，多用于辅养枝和枝组的培养；加大修剪量，去强留弱，以弱枝带头；果枝长放、多留果等都可缓和生长。

为抑制生长，可重短截至枝条基部，第二年再缩剪，剪除剪口强枝，留分支角度开张、生长中庸的枝条，即"扣头控心"。多用于竞争枝、徒长枝的控制与利用、大型结果枝组的培养。

3. 利用主侧枝的开张角度调节长势

在主枝或侧枝延长头枝修剪时，剪口芽留外芽可加大角度、缓和长势；利用背后枝换头，可加大主侧枝开张角度；采用撑、拉、吊、别等措施，可开张主侧枝角度。

4. 减小角度复壮生长

当主侧枝角度过大、生长衰弱时，可以通过减小角度来复壮生长。可以采取留上芽、斜上芽或从长势较直立的枝，分叉处回缩来抬高主侧枝延长枝位置，使主侧枝转旺。

5. 平衡树势

（1）同级枝之间的平衡：如自然开心形的三大主枝之间的平衡。

（2）上下级之间的平衡：如主枝与枝组、二级主枝与一级主枝等的平衡关系，要求其长势之间要有差距，但不能差距过大，保持一定的强弱比例。一般下一级枝为上一级枝的1/3~1/2。

（3）营养生长与生殖生长之间的平衡：幼龄树和旺树要控制营养生长，促进结果；衰老树要控制结果量，促进营养生长。

（4）地下部与地上部之间的平衡：在修剪时，处理大枝不能过急，若一次性处理大枝过多，修剪量过大，会造成相应部分根系衰弱，从而严重削弱树势。

（三）各类型枝的冬季综合修剪技术

1. 营养性徒长枝

竞争枝是剪口下第二、三芽枝，长势强，会与延长枝竞争养分等，为了保证延长枝的生长势，必须加以控制。直立性徒长枝不易控制，没有生长空间的可直接疏除，有生长空间的可以进行改造，如改造成侧枝或大型的永久性结果枝组。

徒长枝改造成结果枝组的方法：当徒长枝长到15~20 cm时，留5~6片叶摘心，促发二次梢，形成良好的结果枝。若未及时摘心的可在冬季修剪时留15~20 cm重短截，枝剪口以下的第1、2个叶芽，第二年仍抽生徒长枝于6月摘心。如仍未及时摘心，冬剪时把顶端1~3个旺枝剪掉，下部枝就会形成良好的结果枝组。

2. 徒长性结果枝

枝条基部直径大于1.3 cm、组织不充实的徒长性结果枝，一般着生在内膛或顶部，无生长空间的从基部剪除，有生长空间的拉枝长放。此类型枝多集中在树冠内膛或靠近顶部处，枝下部多为叶芽，因此常用来改造成枝组或更新枝。

3. 长结果枝

一般保留 30～70 cm 花芽饱满的长果枝。但长果枝一般先端生长不充实，芽不饱满，中部芽饱满。对于生长过弱或过强的长果枝，可疏除；有生长空间的长果枝可重短截，重新培养结果枝。对老龄树适当保留部分直立长果枝，恢复长势；对一些密生的长果枝应疏除部分直立和下垂枝。

4. 中结果枝

对于一些密生的中结果枝应适当疏去，保留花芽饱满的花枝，去掉瘦弱枝。

5. 短结果枝

短结果枝密生的要进行疏剪，皮色绿、枝条软、花枝瘦小的纤细短结果枝要剪除。

6. 花束状结果枝

此类枝一般不进行修剪。

7. 下垂枝

以短果枝结果为主的品种，对选留的长枝连续缓放几年后，就会形成下垂枝。修剪时应从基部 1～2 个短枝处回缩，促使短枝复壮，萌发长枝而更新。幼龄树可利用下垂枝先结果后再留上芽抬高角度。

8. 辅养枝

桃树辅养枝大多数是生长较强但又不宜作为骨干枝的大枝。应控制其生长，使其不得强于骨干枝。可利用其所占空间来扩大结果面积，采取压低角度、培养成结果枝组等措施来缓和生长，达到早结果的目的。

第五节　改造衰老树树体的操作

长枝修剪技术可用于对衰老桃树的更新复壮。但由于此时桃树已经表现衰弱，因此在修剪时应减少留枝量而拉大枝距，注意旺头复壮。具体操作如下：

（1）全树原则上只留 3 个主枝，锯掉多余的主枝。无法选定时留 2 个或

4 个主枝。

（2）尽量选留有徒长枝或旺头枝的大枝作主枝，生长势较旺的主枝上可配结果枝组。

（3）无旺枝的弱树，只留 3 个主枝即可，且其主枝上不配结果枝组，只配结果枝即可。

（4）留下的结果枝间的距离，可根据树势情况拉开至 30 cm 左右。

（5）应在修剪留下的大伤口上涂抹伤口保护剂。

第六节　注意事项

一、1 年生枝条的着生位置

在主干枝上，1 年生枝条应尽量靠近主枝选留，以缩短养分运输距离，防止结果部分外移。

二、不同品种、树势的修剪重点

对于树势旺盛、不易坐果的品种（如皮球桃、霞脆等），结果枝宜选细小果枝，粗度控制在 0.2~0.3 cm 之间。对于树势弱、坐果量大的品种（如红玉、早黄玉等），结果枝宜选粗度为 0.4~0.5 cm 的长枝，控制留果数量，适当少留果。对于树势旺的树，宜多留结果枝，缩小结果枝的间距；对于树势衰弱的树，宜少留结果枝，拉开结果枝的间距。

三、加强配套技术的管理

长枝修剪应加强管理，尤其要加强土肥水管理，严格疏花疏果，合理负载，强化夏季修剪（抹芽，疏除竞争枝、徒长枝等）。疏果时，保证结果枝基部第一个分枝之后开始结果，这样在结果的同时又能在基部抽生健壮更新枝，以有效确保结果部位不外移和丰产稳产。

四、肥水管理

在成都地区的生态条件下，桃树长枝修剪后抽生超长枝和徒长枝的比例较小，中长枝比例较大。但不同地势的桃树抽枝状况明显不同，土层深厚、土肥水条件优越的地块上徒长枝、超长枝明显增多；土层浅、肥水条件差的地块徒长枝和超长枝比例较低。因此，在长枝修剪后，应根据果园不同的立地条件，调整肥水管理对策，如对土层浅、干旱、瘠薄的果园应加大肥水施入量，否则会影响桃树长势，不利于更新枝的抽发和生长。

第十章 花果管理

第一节 保花保果

一、花前复剪

在萌芽至开花前进行花前复剪。对于坐果率高、花量过多或树势弱的桃树，可将过多的花枝疏掉，保持花枝距离均匀合理，有利于平衡树势和减少养分的消耗，促进坐果和果实膨大。对留下的花枝，还可在开花前的花蕾露红期，人工抹除枝背上的花及叶芽，留下侧花及下垂花，这样既可节省养分又可增加树体光照；对坐果率高的品种，还可把花枝基部所有花抹除，更利于节约养分和促进基部更新枝的抽发。

二、人工授粉

绝大多数桃树品种都能自花结实。但有的品种没有花粉或花粉极少（如早凤王、锦香等），开花期遇不良的环境条件（如连续低温、阴雨天气等），会影响授粉、受精，造成坐果率低，不能满足生产的需要。在此情况下，必须进行人工辅助授粉。

（一）采集花蕾

在授粉前1~2天，在花粉较多的桃树上采集含苞待放的铃铛花（花蕾露红期），这类花的花粉具有生命力强的特点。采花原则是花多的树多采、树势弱的树不采；不同果枝间，多采短果枝和花束状果枝；对于中长果枝，可采基部到中段前的所有花，保留中段以上的花即可。

（二）采集花粉

将采集到的花蕾带回室内，不宜过夜或堆放。取花粉时，用两朵花对揉或使用脱药器取花药，使花药落在铺好的纸上。再用小簸箕簸除花瓣、花丝等杂物，把花药摊平在洁净的纸上。

（三）爆花粉及保存花粉

将花药置于20℃左右的温度条件下（最高不超过25℃），经过36～48 h待其开裂，花粉散出。也可采用简易的体温爆粉法制备花粉，先将花药装入小塑料袋中，然后把塑料袋放入贴近身体上衣的口袋内，经过24 h花粉爆出后即可用于授粉。

把花粉和花药收集起来，放到干燥的棕色小瓶中避光密封保存备用。如需短暂贮藏，放在3℃～5℃的低温环境中，可保存一周左右。

（四）授粉方法

授粉宜在桃树开花后1～2天进行，于上午10:00至下午4:00之间授粉。

1. 人工点授法

授粉前，将花粉分装到洁净小瓶中，用简易授粉工具（如棉签、小毛笔、橡皮头等）蘸取花粉，点授到刚开花的柱头上，每蘸一次，可点授5～7朵花。每个中长结果枝点授中上部位的背下花或3～4朵侧花。

2. 机械授粉法

将花粉与滑石粉按1：5的比例混匀，置于电动授粉器的喷粉管中，将喷头对准花柱。按下开关，喷头将均匀、定量地喷出花粉。也可用手动喷粉器喷粉。机械授粉的工作效率比人工点授法提高了40倍左右。

三、花期放蜂

当桃花开放10%左右时，桃园放入蜜蜂进行传粉。每3～5亩放1箱蜜蜂，要求蜂群强盛。蜂箱之间间距以350～400 m为宜。

在放蜂期间，禁止喷洒药剂，保护蜜蜂安全授粉。当桃花谢花2/3以上时搬出蜂箱，才能进行病虫害防治工作。

四、喷硼提高坐果率

在盛花期，用 0.3%～0.5% 硼砂或 0.2% 尿素＋0.3% 硼砂溶液及少许白砂糖对树冠喷洒一次。硼能帮助花粉的萌发和促进花粉管的伸长，白砂糖能吸引蜜蜂、增加访花次数，有利于提高坐果率。

五、秋季保叶促花

在 9 月下旬至 10 月底，应加强秋季叶片病虫害的防治（如穿孔病、潜叶蛾、螨类等）。结合病虫害防治，喷 1 次 0.3%～0.5% 磷酸二氢钾叶面肥，保护好叶片，提高光合效率，增加树体储藏养分。当某些年份秋季雨水过多或施肥过量时，需使用生长抑制剂控梢一次，促使枝梢停长并促进花芽分化。同时，施足基肥，特别是有机肥，都能增加树体储藏养分，提高花芽质量，利于翌年桃树保花保果。

第二节　控梢稳果

谢花后至硬核期，是桃树一年中保果稳果的关键时期，管理的好坏将影响全年的产量。该阶段既是枝叶快速生长期，又是幼果快速生长期，树体的营养生长与生殖生长矛盾较为突出。在生产上，经常出现因枝梢生长过旺而导致幼果脱落，造成减产的现象。因此，在桃树幼果期乃至整个生长期，都应以果实生产为核心，对枝梢生长进行动态调控，以缓和梢果矛盾，即"前期缓慢生长，后期及时停梢"。幼果期的主要任务是采取多种措施控制枝叶缓慢生长，具体管理技术如下。

一、控制氮肥

桃树采用长枝修剪后，抽发的新梢长势得以减缓。但在地块肥沃、树势强旺、开春雨水较多等情况下，也会出现谢花后嫩梢生长较多、较旺的现象。此时，桃果的果核尚未硬化，幼果争夺养分的能力弱于嫩梢。因此，控制嫩梢长势有利于保果。

（1）萌芽时只对桃树枝条长度在 20 cm 左右的弱树补充肥水（以氮为主）。其他情况应注意在春季萌芽时控氮控水（干旱时可适当灌水），可有效避免萌芽后的枝梢旺长而引发严重落花落果。

（2）长枝修剪的桃树都较传统短枝修剪的桃树挂果多，谢花后至花萼脱落期，若全树多数挂果枝每枝能抽发 4～5 个嫩梢，树势较旺就应暂停施氮肥，待稳果后再施足壮果肥和膨大肥。

（3）对多数挂果枝每枝仅抽发 1～2 个嫩梢的弱树要进行补肥，可株施有机肥和适量的尿素。

二、控梢稳果

对嫩梢抽发较多的桃树，为保证树体养分更多地流向幼果，促进幼果膨大和坐果、稳果，让嫩梢缓慢生长即可。

（一）抹梢和摘心

抹梢和摘心是对树体局部营养生长与生殖生长平衡的精细调控手段之一，可以更为精准地缓和局部梢果矛盾。抹掉部分枝梢和减少枝梢顶端的生长点都是为了减少在枝梢上的养分消耗，集中养分供给幼果进行生长发育，以提高坐果率和促进幼果细胞数目的增加，以利于增大单果重和产量。

采用长枝修剪后，部分生长势较旺的长结果枝会抽发 5 枝以上的新梢。应在谢花后 2～3 周开始抹梢，抹掉直立梢和背下梢，留左右两侧新梢。如着生幼果的部位有嫩梢，需留 2～3 叶摘心，整个长结果枝保留 4～5 个新梢即可。

（二）合理疏枝

在成都地区的 5—6 月，对于中晚熟品种，在某些年份雨水较多或施肥过量的情况下枝梢都会旺长，加剧梢果矛盾，导致果核未硬的幼果再次落掉，也就是俗称的"冲果"现象。因此，需加强夏季修剪，采取疏枝、扭梢、短截等方法控制内膛旺枝，保持树冠内膛枝梢的平均长度在 30 cm 左右，使树冠内膛通风透光，以减轻旺长引起的幼果脱落。

（三）喷生长抑制剂

采收前 1 个月，当强旺树的嫩梢生长超过 30 cm 还未停梢时，可使用生长抑制剂控梢 1 次，以促进嫩梢停止生长，减轻采前落果并促使果实膨大。

通过以上的延缓嫩梢生长的方法，可以缓和树冠整体的生长，保持内膛枝梢的平均长度在 30 cm 左右，既能有效促进幼果生长发育，又有利于生产优质大果。

三、合理控水

对于干旱区域的桃树，易因幼果水分不足而影响果实的膨大。对挂果多且新梢抽发少的地块可适当灌水，以树盘表层土壤湿润为准。切忌大水漫灌，以免引起嫩梢旺长，反而不利保果。对新梢抽发好的桃树，不宜灌水。

四、其他调控技术

（1）汛期疏通每厢的厢沟及桃园四周的排水沟，强化排水工作，做到雨停沟干。

（2）果实成熟前 20 天在树盘覆盖反光膜，既可避免过多雨水，又可促进果面着色、提高果实糖度。

第三节　标准化疏果

正确运用疏果技术控制坐果数量，可使树体合理负载，是使桃树连年稳产、树体健壮、提高坐果率和果实品质的重要措施。具体疏果方法如下。

一、疏果时期

桃树疏果以早疏为宜，疏果进行 1～2 次，套袋时再定果 1 次。

具体疏果的指标：在谢花后 30～45 天进行，具体时间因各年份气候及品种而定；幼果拇指大小；大小果明显且容易区别。

二、留果量的确定

根据多年实践经验，成都地区盛产期的早熟品种每亩产量可控制在1000～1500 kg 之间，中晚熟品种产量可控制在 1500～2000 kg 之间。依照负载量标准，严格按照量化标准进行疏果。具体标准如下：

（1）看枝留果，即看结果枝长短定标准留果量，以每 20 cm 枝段留一果计算留果量。

（2）看梢定果，即看结果枝抽发嫩梢数量，再增减留果量。一般结果枝能抽发 4～5 个嫩梢的为中庸枝，可按标准留果；只抽发 1～3 个嫩梢的为弱枝，可在标准留果量上少留 1 果；能抽出 6 个以上嫩梢的为强枝，可在标准留果量上多留 1 果。

（3）无叶枝、纤细弱枝不留果，可疏除或短截促发新梢。

（4）较粗壮的无叶长枝（如 8 月桃）可留 1 果，但有叶长枝而无嫩梢抽出时，最多只留 1 果或全树果较多时可不留。

（5）较粗壮的短果枝或花束状枝，在其周围无果时，可留 1 果。

三、留果部位

（一）选留结果枝中上部的果

结果枝中上部的花芽质量好，易结出优质大果。同时，结果枝中上部挂果后，由于枝叶和幼果重量逐渐加重，迫使结果枝被压弯下垂而改变生长角度，从而削弱顶端优势，且使养分向后端回流。这样不仅促进结果枝基部抽发新梢为下一年挂果做准备，还能促进当年的果实增大增重。

（二）去掉结果枝基部的果

结果枝的基部位置尽量不留果，减少幼果与基部新梢争夺养分，以促进基部抽发新枝，并可培养成为第二年的结果枝。这样，既保证了每年培养的结果枝都是新枝，又避免了结果部位的外移。

（三）少留结果枝梢头果

留果时，尽量不要留结果枝顶部梢头果。因为风吹和日常操作擦碰都有可能使梢头幼果脱落，同时也可能影响果面光洁度。

四、留果距离

留果的间距，以方便套袋即可，一般为 10～15 cm。疏果时，需灵活掌握，不要因留果间距不足而疏掉该留的大果。

五、留果方向

尽量留侧生果及背下果，不留背上果。

六、疏果对象

疏除并生果及小果、病虫果、畸形果、基部果、过密果、梢头果等，只留枝梢中上部位侧生或背下果形端正的大果。

七、桃疏果时的注意事项

（1）主枝延长头上 50 cm 枝段内不留果，有利于主枝的旺头生长。

（2）丰产性强及早熟品种应先疏、早疏，幼龄树及中晚熟品种可适当推迟后疏；因早熟品种生长期短，早疏后有利于养分集中供应给留下的果实生长。

（3）弱树先疏，旺树后疏。多数嫩梢达到 20 cm 的旺树推迟 7～10 天疏果，达到以果压树的目的，可减轻因疏果过早而导致枝梢旺长再次引起落果的现象。弱树弱枝少留果，壮树强枝多留果。

（4）疏果时可同时疏除密生枝，使枝距保持在 15 cm 左右。

（5）在疏果的同时结合防治病虫害，尤其防治梨小食心虫、桃蛀螟等蛀果害虫。

（6）疏果后应做好施肥的准备工作，尤其是早熟品种应尽早施肥。

（7）一般短果枝或花束状枝留 0～1 果，中果枝留 1～2 果，长果枝留 2～3 果，弱枝不留果。

第四节　套袋技术

近年来，随着果品市场竞争日趋激烈，对果品质量的要求也越来越高。为了提高果实的商品性，生产优质果、精品果，果实套袋势在必行。

一、果实套袋的优点

（一）提高果实的外观品质

套袋可以改善果面色泽，使果面洁净、色泽艳丽。如容易着色的紫玉、红玉，果面为暗紫红色，经过套袋后，可变为粉红色。对于不易着色的品种，如霞晖 8 号、晚湖景等，经过套袋，可使果实表面光洁，并着粉红色晕。

（二）减少病虫害及农药残留

果实套袋可以有效防止食心虫、蝽象及桃炭疽病、褐腐病的危害，不仅能减少打药次数和用药量，而且避免或减少了果面与农药接触的机会，降低了果皮农药残留量。

（三）减少裂果

裂果多发生在晚熟普通桃及多数油桃品种上，裂果后的果实失去商品性。裂果与品种特性、不良气候条件、病虫害、药物刺激及灌水等有关。据调查，油桃和蟠桃在成都地区易裂果，但套双层避光袋并保持土壤水分相对稳定，可有效减少裂果。

（四）减轻自然灾害的影响

自然灾害（如冰雹、大风等）在各地时有发生，往往给桃树生产带来很大损失。给果实套袋可在一定程度上减轻自然灾害的危害程度。

二、果袋的选择

目前，桃果套袋选用专用纸质袋，一般有单层纸质袋和双层纸质袋之分，具有较强的防水、抗撕裂、防病虫、防果锈等功能。禁止使用废书、报纸、杂志纸等不符合标准的纸制作果袋。

不易着色的品种和早熟品种宜用单层袋，中晚熟品种和易着色的品种可选用双层袋。

三、套袋时间与方法

（一）套袋时间

在疏果定果后应马上进行套袋，以避免桃蛀螟和梨小食心虫在果实上产卵。早熟品种应早疏早套袋。

（二）套袋方法

套袋前全园要喷洒一次杀虫杀菌剂，待药剂干后立即套袋。喷药后一周没有完成套袋或喷药后遇下雨天气的要补喷杀虫杀菌剂。由于桃的果柄较短，操作时一定要仔细。套袋时，首先把袋撑开，把果放入袋内，然后用袋口上的铁丝把袋口封紧或使用订书机把袋口钉紧，牢牢固定在果枝上即可。

四、拆袋时间

拆袋时间因品种、果实外观要求及各地消费习惯不同而异。一般鲜食品种于采收前拆袋，有利于着色和提高果实含糖量。对于套双层袋的，于采收前5~7天拆袋；对于套单层袋的，可不拆袋，采果时连同袋一起采下。

第十一章　主要病虫害绿色综合防控

第一节　主要病害

一、桃褐腐病

桃褐腐病又名菌核病、灰星病等，在所有桃产区均有发生。果实生长后期，若果园虫害严重，又遇上多雨潮湿年份，就可能导致褐腐病流行成灾，引起大量落果、烂果。

从开花至果实成熟都能发生病害，尤以成熟果受害严重。发生褐腐病的桃树，花器受害，很快变褐腐烂，湿润时产生灰色霉层；果实受害，初为褐色圆形斑，几天内迅速扩展至全果，果肉变褐、软腐，病斑上常有呈同心轮纹排列的灰褐色绒状霉层，病果干缩为僵果留在树上或落在地上（见彩图37）；枝梢受害，形成灰褐色稍凹陷的溃疡斑，常伴有流胶发生，引起枝梢干枯；叶片受害枯死而不脱落（见彩图38）。

二、桃炭疽病

桃炭疽病主要危害果实，也可危害叶片和新梢。幼果指头大小时即可染病，初为淡褐色水渍状斑，后随果实膨大呈圆形或椭圆形，红褐色，中心凹陷。气候潮湿时，在病部长出橘红色小粒点，幼果染病后即停止生长，形成早期落果；气候干燥时，形成僵果残留树上，经风雨不落。成熟期果实染病，初呈淡褐色水渍状病斑，渐扩展，红褐色，凹陷，呈同心环状皱缩，并融合成不规则大斑，有的病斑干缩，出现裂果（见彩图39）。该病常在果顶处发生，病果多数脱落，少数残留树上。新梢上的病斑呈长椭圆形，绿褐色至暗褐色，稍凹陷。病梢上叶片呈上卷状，严重时枝梢常枯死。叶片病斑呈圆形或不规则形，淡褐色，边缘清晰，后期病斑为灰褐色（见彩图40）。

病菌以菌丝在病枝、病果中越冬，翌年遇适宜的温湿条件，即当平均气温达10℃～12℃、相对湿度达80％以上时开始发病，最易发病温度为25℃。形成孢子后，借风雨、昆虫传播，形成再次侵染。4月上旬幼果开始发病。该病危害时间长，在桃树整个生育期都可侵染。高湿是本病发生与流行的主导诱因。花期低温多雨易发病，果实成熟期温暖、多雨，以及粗放管理、土壤黏重、排水不良、施氮过多、树冠郁闭的桃园发病严重。

三、桃疮痂病

桃疮痂病又称黑星病，此病主要危害果实，也能危害枝梢和叶片。果实初发病时出现绿色水渍状小圆斑点，后渐呈绿色，直径为2～3 mm（见彩图41）。本病症状与细菌性穿孔病相似，但病斑带绿色，严重时一个果上可有数十个病斑。病菌的侵染只限于表皮，病部木栓化，停止生长，随果实膨大，形成龟裂。病斑多出现于果肩部；幼梢发病，初生浅褐色椭圆形小点，起初暗绿色，后变浅褐色，秋天成褐色、紫褐色，严重时小病斑连成大片；叶片发病，叶背出现多角形或不规则的灰绿色病斑，以后两面均为暗绿色，渐变褐色—紫红色。最后病斑脱落，形成穿孔，严重时可导致落叶。

病菌在1年生枝的病斑上越冬，翌年春季病原孢子以雨水、雾滴、露水传带感染发病。从侵入到发病，病程较长，果实为40～70天，新梢、叶片为25～45天。一般情况下，早熟品种发病轻，中晚熟品种发病较重。病菌发育最适温度为20℃～27℃，多雨潮湿的天气或黏土地、树冠郁闭的果园容易发病。

四、桃缩叶病

桃缩叶病俗称"狗耳朵"病，是一种高等真菌病害，也是桃园的一种常发病害。

该病危害部位主要为叶片，也能侵染新梢和果实。叶片受害后卷曲成畸形，颜色发红，叶肉明显增厚、变脆，叶背面有白色粉状物，最后叶片变褐、干枯脱落（见彩图42）。新梢受害节间缩短、叶片簇生，严重时病梢扭曲、枯死。果实受害，受害部位突起，严重时果实脱落。

五、桃穿孔病

桃穿孔病分为细菌引起的细菌性穿孔病和高等真菌引起的褐斑型穿孔病。

在田间，两者常常混合发生，是成都地区桃园的一种常发性病害。当雾露多、阴雨天气多时，发病重。

叶片发病初为黄白色至白色水渍状小斑点，之后发展为圆形、多角形或不规则形，随后病斑干枯，边缘出现一圈裂纹，脱落形成穿孔，孔直径约 2 mm。细菌性穿孔病斑周围呈水渍状并有黄绿晕环，且病斑多发生在叶脉两侧和边缘附近，有时数个斑融合形成一块大斑（见彩图 43）。果实发病初期，果面上发生褐色小圆斑，稍凹陷，颜色变深，呈暗紫色，周缘水渍状。天气潮湿时，病斑上常出现黄白色黏质分泌物。干枯时形成不规则裂纹。枝梢受害后，有两种不同形式的病斑：一种称为春季溃疡，另一种称为夏季溃疡。两者的大小和形状有相当差异。春季溃疡发生在上一年夏季发出的枝梢上，在春季第一批新叶出现时，枝梢上形成暗褐色小疱疹，直径约 2 mm，随后可扩展长达 1~10 cm，但宽度多不超过枝梢直径的一半，有时可造成梢枯现象。春末（大致在桃树开花前后），病斑的表皮破裂，病菌溢出并开始传播。溃疡多在夏末发生，在当年生的嫩枝上，最初以皮孔为中心，形成水渍状暗紫斑点。随后病斑变褐色至紫黑色，圆形或椭圆形，中心稍凹陷，边缘呈水渍状。

六、桃流胶病

桃流胶病有侵染性和非侵染性两种，在成都地区，这两种病均有发生。

该病一般在桃树主干和枝杈部发生，初期病部稍肿胀，并溢出半透明黄白色树胶，而后变为红褐色呈冻胶状，并逐渐变硬。由于病部已被腐生菌侵染，导致树势逐渐衰弱，树枝枯死（见彩图 44）。

七、桃根瘤病

桃根瘤病又名冠瘿病、根头癌肿病等，是一种细菌性病害，主要危害桃树根部（见彩图 45）。另外，还危害梨树、李树根部。近年来在成都地区部分苗木上有发生。

该病变主要发生在植株根颈部，也发生于主根、侧根。根瘤通常以根茎和根为轴心，环生和偏生一侧，数目少的有 1~2 个，多的有 10 余个。大小悬殊，小的如豆粒，大的如核桃、拳头甚至更大，或若干个瘤簇生形成一个大瘤。初生瘤呈乳白色或微红色，光滑而柔软，后渐变为褐色，木质化而坚硬，表面粗糙，凹凸不平。受害桃树严重生长不良，植株矮，果少质劣，甚至全株死亡。

八、桃褐锈病

成都地区桃褐锈病在 8 月中下旬发生，主要危害叶片。叶面染病形成红黄色圆斑，叶背染病产生突起的褐色疱疹状斑，破裂后，散出黄色粉状物（见彩图 46）。

第二节　主要虫害

一、梨小食心虫

梨小食心虫属鳞翅目卷蛾科。该虫是一种多食性害虫，危害多种果树，在成都地区以幼虫危害桃、枇杷、李的新梢（见彩图 47），枇杷的花穗，桃、梨的果实为主。

识别特征：成虫体长为 5~7 mm，呈暗褐或灰黑色，下唇须呈灰褐色上翘，前翅呈灰黑色，前缘中部有 10 组白色短斜纹；卵扁椭圆形，初为乳白色，后变为淡黄色，表面有皱褶；幼虫呈淡红至桃红色，腹部呈橙色，头呈褐色（见彩图 48）；蛹呈黄褐色至暗褐色，背面有刺，茧为丝质、白色。

二、桃蛀螟

桃蛀螟又名桃蠹螟、桃斑螟、豹纹斑螟，俗称枇杷绵绵虫、桃食心虫等，属鳞翅目螟蛾科。该虫是一种杂食性害虫，除危害桃外，还能危害多种果树。幼虫食桃树的果实（见彩图 49），多从桃果柄基部和两果相贴处蛀入，蛀孔外堆有大量虫粪。被蛀虫果易腐烂脱落，使果实不堪食用，造成严重减产。

识别特征：成虫体长 12 mm 左右，全身呈橙黄色，体背及翅的正面散生大小不等的黑色斑点（见彩图 50）。

三、桃潜叶蛾

桃潜叶蛾俗名"吊丝虫"。成虫产卵于叶片内，卵孵化后，幼虫在叶片内取食叶肉，留下表皮，形成白色的弯曲潜道，后期潜道变褐，严重时导致叶片提前脱落（见彩图 51）。

识别特征：成虫体长约 3 mm，体及前翅为银白色，翅末端有黑色毛丛

（见彩图 52）；卵呈椭圆形，长约 0.5 mm，为乳白色；幼虫体长约 6 mm，呈淡绿色；蛹细长，呈淡绿色，长 3~4 mm；茧为长椭圆形，呈白色，两端具长丝，黏附叶上。

四、红蜘蛛

红蜘蛛学名叶螨，主要危害桃树叶片。成螨（见彩图 53）和若螨以刺吸式口器取食叶片汁液，导致叶片出现黄白色斑点，严重时导致叶片脱落。

红蜘蛛在大发生期，常群集于叶背和初萌发的嫩芽上吸食汁液。叶片受害后呈现失绿黄白色斑点，逐渐扩大成红褐色斑块，严重时，整张叶片变黄，枯焦而脱落（见彩图 54）；甚至造成二次开花，消耗树体大量养分，影响光合作用，导致树体衰弱，影响花芽形成和次年果实产量。

一年发生 10 代以上，多世代重叠。以受精冬型雌成虫在树皮裂缝中、老翘皮下和树干基部的土缝中越冬。次年桃树花芽膨大时开始出蛰活动，多集中在花、嫩芽、幼叶等幼嫩组织上为害，随后于叶背面吐丝结网产卵，以叶背主脉两旁及其附近的卵最多。越冬出蛰后的越冬雌成虫寿命约为 20 天。卵期随季节的温度变化而不同，春季卵期平均为 11 天，夏季为 4~5 天。

五、桃蚜

桃蚜俗称天恢、恢虫等，种类有桃蚜、桃粉蚜、桃瘤蚜等，主要以刺吸式口器吸取幼嫩枝梢和叶片汁液为食。被吸食的叶片部分失水，导致叶片皱缩，新梢扭曲。受瘤蚜危害的叶片扭曲肥厚呈虫状，严重时停滞生长（见彩图 55）。

有翅蚜是一种小型能飞行的虫，翅白色，长过身体，体黑色、绿色等。无翅蚜，翅退化，身体腹部后半部有一对腹管（小棍状），体色有黑色、红色、绿色等（见彩图 56）。

六、桃红颈天牛

桃红颈天牛俗称桃钻心虫、转牯牛等，主要危害桃、李、梅、杏、樱桃等果树。它的幼虫蛀食树干木质部，造成树干中空、皮层脱离，常使树势衰弱，严重时造成树体死亡（见彩图 57）。

识别特征：桃红颈天牛成虫体为黑色，胸部为棕红色，前翅坚硬（见彩图 58）。长 28~37 mm，宽 8~10 mm。幼虫为白色，长约 50 mm。卵为乳白色，呈圆形，长 6~7 mm。

七、桃桑盾蚧

桃桑盾蚧又名桑白蚧，俗称桃蚧壳虫（见彩图 59）。成虫和幼虫以刺吸式口器刺取树干汁液，轻则削弱树势，重则导致整枝甚至整株桃树死亡。

识别特征：雌成虫呈黄色，为扁圆形，虫体覆盖一层灰褐色的蜡质蚧壳。雄成虫为一种灰白色的小虫子，有两对翅，能飞翔。卵一般产在蚧壳内，呈橘红色。初孵幼虫为橘红色，雌虫几天以后分泌蜡质，形成蚧壳，雄虫则形成白色长条形蛹壳，远看像覆盖一层白粉。

第三节　生理性病害

桃树生理性病害是指桃树在生长发育过程中，由于自身的生理缺陷、遗传疾病，或不适应的环境因素直接或间接引起的病害。这类病害没有病原生物的侵染，不能在桃树个体间互相传染，称为生理性病害或非侵染性病害。引起桃树生理性病害的原因主要有营养失调、环境不适、栽培不当等，具体包括极端温度、土壤水分失调、极端光照、极端 pH、缺氧、营养缺乏或过盛，以及无机盐毒害、大气污染、管理不当等。

一、缺铁性黄化现象

（一）症状表现

桃树的黄化现象主要表现在新梢的幼嫩叶片上。开始时，叶肉先变黄，而叶脉两侧仍保持绿色，致使叶面呈绿色网纹状失绿；随病势发展，叶片失绿程度越来越重，叶片整叶变为白色，叶缘枯焦，引起落叶；严重时，新梢顶端枯死（见彩图 60）。

（二）发生原因

从土壤的含铁量来说，一般果园土壤并不缺铁，但是在盐碱较重的土壤中，可溶性的 Fe^{2+} 转化为难溶的 Fe^{3+}，不能被植物吸收利用，使桃树表现出缺铁的症状。使土壤 pH 上升至碱性范围的因素，都能加重缺铁症状。干旱时地表水蒸发，盐分向土壤表层集中；地下水位高的洼地，盐分随地下水积于地表。土质黏重，排水不良，不利于盐分随灌溉水向下层淋洗时，黄叶病较容易发生。

不同的砧木类型，对碱性土壤的适应能力不一样，如毛桃在碱性土壤上容易黄化，而近年我国从国外引进的抗性砧木 GF677，耐盐碱能力较强，不容易出现缺铁黄化。

（三）防治措施

以成都市龙泉山脉典型土壤类型养分总含量为例，铁总含量较丰富，但在紫色页岩和砂岩成土母质的碱性土壤中，可直接被桃树吸收利用的有效铁较少。因此，对土壤进行改良，释放被固定的铁元素，是防治缺铁黄化的根本性措施。适当补充可溶性铁，能有效治疗病症树。

采用增施有机肥、种植绿肥等措施增加土壤有机质含量，可有效改变土壤的理化性质，释放被固定的铁。挽救重病树，可以用各种方法补充可溶性铁，如在发芽前往枝干喷施 $0.3\%\sim0.5\%$ 的硫酸亚铁溶液。同时，在土壤中施用螯合铁（乙二胺四乙酸合铁），治疗黄化病的效果也很明显。

二、裂果

（一）症状表现

桃裂果是指果实表皮或角质层开裂的现象。一般油桃裂果现象较重（见彩图 61），而普通桃裂果较少发生，但也有部分品种（特别是晚熟品种）裂果较重。油桃的裂果始于果实快速膨大期的初始期，与进入硬核期的时间较一致，随着果实的增长和体积增大，裂果率增加，果实着色期至成熟期裂果现象加重。裂果易造成果实腐烂，不仅导致产量降低，还影响果实外观品质和经济效益。

（二）发生原因

1. 品种特性

在成都地区，油桃、蟠桃都比普通桃容易裂果，如普通桃品种中皮球桃比黏核品种霞脆容易裂果。

2. 不良气候条件

在桃果快速生长期前后，果肉可溶性物质逐渐积累而降低了渗透势，造成果肉吸收水分的能力增强，从而增加果肉膨压。一旦突遇降雨，果肉吸水过快，生长速度快于果皮的生长速度，从而撑裂果皮。同时，降雨使果面温度下降，温度的骤冷骤热加剧了裂果的发生。特别是桃果生长过程中，久旱未雨、气温较高，若突遇大雨降温，就更容易导致裂果。

3. 栽培管理不当

如偏施氮肥，而磷肥、钾肥、钙肥等不足都会造成树体营养元素失调，导致裂果。忽视夏季修剪、栽植密度过大导致果园郁闭、枝梢徒长，病虫危害严重，地下水位过高，土壤过湿，一年多次使用多效唑控梢等，均易造成裂果。

（三）防治措施

1. 选择不易裂果的品种

硬肉型品种相比肉质疏松的品种，不容易发生裂果。选择成熟期在 5 月底至 6 月初的早熟品种，可避开雨季，防止因突遇降雨造成的裂果。

2. 合理灌溉和排水

合理灌溉和排水是维持土壤水分均衡供应，减少果实裂果的有效途径之一。在果实膨大期遇长期干旱时，不宜一次性猛灌透水，应分多次补水以提高土壤含水量；如雨水较多时，应及时排水降低土壤湿度。采用肥水一体化灌溉系统，行间种植绿肥，树盘覆盖地布、地膜，使用抗旱剂和穴贮肥水等方法，有利于保持土壤水分均衡供应，可缓解裂果现象的发生。

3. 合理补充养分

可增施有机肥，做好测土配方施肥工作。在果实膨大期，不偏施氮肥，增施磷、钾肥和钙肥，根据叶片生长情况及时补充中微量元素。这样可以减少因缺乏营养而引起的裂果。

4. 适时套袋

对中、晚熟品种中易裂果的品种，在雨季来临前对定果后的果实进行套袋，可减少裂果的发生。

三、裂核

（一）症状表现

桃裂核现象在早、中、晚熟品种中都有发生。裂核一旦发生，易使果柄与桃果连接处受伤（见彩图 62）。裂核较轻时，病菌不易侵入，一般桃仁不霉变、不落果、果实能成熟，但会导致单果重量偏轻、果实味淡且不耐贮藏。而裂核较重时，若防治不及时，易被病菌侵入而导致感染引起桃仁霉变，最终导致部分果实未成熟就皱缩、掉落。

皮球桃、大久保、北京 15 号等品种易出现种核开裂，导致采前落果及果实近核处果肉褐变腐烂，造成次生病虫害、风味变淡、肉质变差、提前脱落、耐贮性下降，严重影响果实的商品价值。

（二）发生原因

1. 品种特性

早熟品种较易裂核，当种核尚未完全木质化时，即进入果实迅速增重增大期更容易裂核。某些大果型品种，其养分和水分输送较快，也容易裂核。

离核品种如皮球桃、北京 15 号等发病较重，而日本松森、霞脆、霞晖 6 号、京艳等黏核品种发病轻微。

2. 气候因素

在桃果硬核期前后，遇到气温降低、雨水过多，土壤地下水位过高、排水不良等，易引起裂核。

3. 管理不当

桃园偏施氮肥，而磷、钾、钙肥施用不足，加之不重视夏季修剪，荫蔽严重等，都会引起桃树徒长，造成裂核。此外，滥用除草剂、过多使用多效唑控梢、土肥水管理失调等，也会造成裂核。

（三）防治措施

桃核一旦开裂，无补救措施，但可采取一些预防措施。首先，选用不易裂核的品种，如紫玉、红玉、早黄玉、霞脆、霞晖 6 号、霞晖 8 号、湖景蜜露、晚湖景等。其次，合理调控土壤水分，加强排水，防止土壤积水，有条件的应安装肥水一体化系统保持肥水均衡供应。再者，增施有机肥，严格控制氮肥用量，增施磷钾肥，在桃生长初期、幼果期、果实膨大期对叶面喷施含钙叶面肥。此外，还应重视夏季修剪，防止徒长，保持树冠的通风、透光。

四、软沟

软沟指桃果在成熟时，缝合线容易变软的现象（见彩图 63）。软沟多由于果实钙含量不足引起，部分也与品种有关，如八月桃容易出现软沟现象。防治软沟现象的综合措施有以下几个方面：

（1）秋后加强有机肥的施用，保证桃树全营养元素的供应。

（2）谢花后至套袋前，与病虫防治一起喷施优质叶面钙肥两次。

（3）在施套袋前后的壮果肥和采前一个月的膨大肥中，添加钙肥。

（4）在膨大期，浇水一定要充足，不可大水漫灌；久旱遇雨，一定要注意排水，达到雨停沟干。

（5）采前半月不可再浇水，禁止边采摘边灌水。

通过以上措施，可有效预防桃果发生软沟现象，并可提高果实的糖度和硬度。

五、枯花

枯花主要指桃树在开花前花芽就已经枯死，出现不能正常开花的现象（见彩图 64）。花在成都龙泉驿区，桃树枯花在各品种上都有发生，但是枯花程度不同。以 2009 年部分品种为例，具体情况详见表 11-1。

表 11-1　2009 年 13 个桃品种枯花情况统计表

品种	修剪方式	鲜花数（朵）	枯花数（朵）	总花数（朵）	枯花率（%）
皮球桃	长枝修剪	204	36	240	15.0
	长枝修剪（弱树）	154	110	264	41.7
	短枝修剪	111	20	131	15.3
北京 27 号	长枝修剪	210	22	232	9.4
8 月桃	长枝修剪	153	7	160	4.4
北京 24 号	长枝修剪	254	33	287	11.5
青桃	长枝修剪	139	36	175	20.6
北京 13 号	长枝修剪	224	14	238	5.9
大久保	长枝修剪	178	31	209	14.8
8 月脆	长枝修剪	113	40	153	26.1
大甜桃	长枝修剪	235	21	256	8.2
北京 25 号	长枝修剪	280	17	297	5.7
晚 24	长枝修剪	228	19	247	7.7

品种	修剪方式	鲜花数（朵）	枯花数（朵）	总花数（朵）	枯花率（％）
北京28号	长枝修剪（弱树）	135	94	229	41.0
中华寿桃	长枝修剪	80	20	100	20.0

注：随机抽样10枝，调查时间为2009年3月20日。

由表11-1可知：

（1）晚熟品种较早熟品种枯花较重。

8月份的晚熟品种如中华寿桃、青桃等，相较6月份的早熟品种如北京27号、北京13号、大甜桃、北京25号等枯花现象较重，这可能与各品种的冬季低温需求量有关。如2019年的暖冬，部分品种在温度较高的平坝比低温山区枯花情况严重。因此，选择适合本地气候条件、低温需求量少的品种是减少枯花的关键，也是引种和区域规划时必须注意的问题。

（2）弱树枯花较重。

树势较弱的桃树枯花现象较重，说明树体营养状况与枯花有关。科学的肥水管理是培养健壮树势的根本。加强秋季有机肥的施用，有利于培育大量吸收根、健壮树体；采果后继续加强病虫害防治，保护桃树叶片，增加树体储藏营养，利于形成饱满的花芽，减少枯花现象的发生。

（3）长枝修剪有利于减轻枯花现象。

从皮球桃的试验可以看出，长枝修剪有利于减轻枯花。成都地区枯花较重的桃树，当年发枝较旺，又会加重梢果矛盾而引起进一步落果减产。因此，桃生产上应大力提倡长枝修剪，进一步减轻枯花，平衡树势以保障产量。

（4）枯花严重的品种需要保花保果。

对枯花较重（如枯花率≥40％）的品种，应加强保花保果措施，提高坐果率，确保当年产量。

第四节　病虫害绿色防控综合措施

病虫害防治应掌握"预防为主，综合防治"的方针。绿色防控是指利用农业、物理、生物等防治措施来综合治理病虫害，以保障农业生产安全、农产品质量安全和生态环境安全。以频振式杀虫灯、诱虫色板、性诱剂、生物防治和生态控制等技术为主，化学防治技术为辅，集成的绿色防控技术，包括植物检疫、农业防治、物理防治、生物防治、化学防治等技术。

一、病虫害综合防治方法

（一）植物检疫

凡从外地引进或调入的苗木、接穗等材料都应进行严格的植物检疫，严防检疫性有害生物的传入危害。

（二）农业防治

农业防治是指为防治农作物病害、虫害、草害所采取的农业技术综合措施，通过调整和改善作物的生长环境，增强作物对病害、虫害、草害的抵抗力，创造不利于病原物、害虫和杂草生长发育或传播的条件，以控制、避免或减轻病虫草的危害。

1. 品种选择与育苗

采用毛桃或抗性砧木 GF677 作砧木的壮苗并选用优良品种，以提高桃树对病虫害的抗性。

2. 栽植与修剪

栽植时采用有机肥改土和起垄建园，可大大减少流胶病的发生；采用宽行窄株合理密植、长枝修剪和夏季修剪，可减少蚧壳虫害等的发生。

3. 肥水管理

加强土、肥、水管理，培育健壮树势；施肥时多施有机肥和增施钾、钙肥，以增强树体的抗逆能力。

4. 疏果套袋

疏果时，必须疏除病虫果，减少田间病虫基数。疏果后及时喷一次杀菌杀虫剂后进行套袋，防止病虫害的再次侵袭。

5. 清园

冬季落叶后，刮除树干及主枝上病虫越冬的翘皮，清除桃园中的残枝落叶。生长季节，及时摘除受病虫害严重的枝梢、叶片和果实，捕捉害虫，铲除杂草，并带出桃园外做集中处理或深埋。

（三）物理防治

物理防治是指通过物理的方法诱杀或刺伤害虫。主要利用了昆虫的趋光性、趋味性、假死性、群聚性。

1. 灯光诱杀

在果园内安装黑光灯、频振式杀虫灯、太阳能杀虫灯，通过诱杀成虫防治桃树趋光性害虫。主要防治对象：桃蛀螟、卷叶蛾、毛虫、椿象等害虫。使用时间：3月底—9月底。使用方法：将频振式杀虫灯安装在距离地面1~2.5 m的高度；灯与灯之间的距离为150~180 m；灯具随时检修，10月可将灯具取回室内，清洁保管。

2. 性诱剂诱杀

主要防治对象：桃蛀螟、梨小食心虫、桃潜叶蛾等害虫。使用时间：3月底—9月。使用方法：将诱芯用细铁丝固定在三角形诱捕器内，在诱捕器底部配白色粘虫板；诱芯距离粘虫板的距离为1~2 cm，每亩按3~5个诱捕器进行设置；诱芯每月更换一次。

3. 粘虫板诱杀

主要防治对象：蚜虫。使用时间：3月中下旬蚜虫发生前或初期。使用方法：每亩放置15~20张（规格为20 cm×25 cm，双面粘胶），高度为植株中上部，并沿田块四周悬挂；粘板上已经粘满虫体致使失去黏性时及时更换。

4. 糖醋液诱杀

主要防治对象：桃蛀螟、卷叶蛾、红颈天牛等害虫。使用方法：按红糖1份、食醋5份、酒0.5份、水10份及适量杀虫剂配成糖醋液，诱杀害虫。

（四）生物防治

生物防治是指利用一种生物来对付另一种生物的方法。

1. 以螨治螨

主要防治对象：红蜘蛛。使用时间：5—8月。使用方法：挂胡瓜钝绥螨前10~15天，使用适宜药剂彻底清园，将害螨控制在百叶螨量200头以内后；视桃树大小，每株放置1~2袋，将捕食螨放置于树干分支处，上部两角各剪一个斜口，用塑料膜将剪口处遮盖，避免雨水灌入；用图钉将捕食螨固定在树干上，使剪口贴近树干，以利于捕食螨的进出。

2. 以虫治虫

瓢虫类、草蛉类、小花蝽类、食虫虻和食虫蝽等对蚜虫、叶螨、卷叶虫和食心虫类的食灭效果最好。

3. 以菌治虫

苏云金杆菌、白僵菌、青虫菌 Bt 乳剂等对鳞翅目的多种幼虫有良好的防治效果。

4. 以菌治菌

已广泛应用的春雷霉素、井冈霉素对防治桃树穿孔病等均有良好的效果。

（五）化学防治

根据防治对象的生物学特性和危害特点，优先使用生物源农药、矿物源农药、低毒低残留与环保友好型农药，控制使用中毒农药，禁止使用剧毒、高毒、高残留及国家明令禁止在果树上使用的农药。

桃树病害化学防治应在病害发生初期进行，虫害化学防治应在若虫或幼虫孵化高峰期或幼虫低龄期进行。果实成熟前 30 天，禁止喷施化学药剂。

二、周年防治措施

（一）落叶后至萌芽前

结合修剪，剪除病虫危害严重的枝以及树上的僵果，刮除老树干上的粗皮、蚧壳虫、流胶病害部位，与枯枝落叶一起集中处理；将树干涂白，并在萌芽前喷施 1 次 3~5 波美度石硫合剂；适当翻耕，可有效减少越冬的病虫源基数。对桑盾蚧为害严重的桃树，可用喷灯防治成虫。

（二）桃树萌芽至开花期

花芽露红时，喷施 3 波美度石硫合剂或福美双 500 倍 1 次，防治桃缩叶病。叶芽萌发至叶片展开前，田间挂黄板诱杀有翅蚜虫。

（三）落花后至套袋前

落花后至套袋前，主要害虫有蚜虫、桑盾蚧、梨小食心虫、桃蛀螟、红蜘蛛等，主要病害有褐腐病、缩叶病、穿孔病等。在落花后的展叶期喷施 1 次吡虫啉防治蚜虫。主要使用杀虫灯、黄板、性诱剂防治害虫，结合使用糖酒醋液诱杀桃蛀螟。在幼虫发生的关键期，可使用低毒农药（如高效氯氟氰菊酯、氯虫苯甲酰胺等）和植物源、矿物源等生物农药（如 0.3％ 印楝乳油、苦参碱等）进行防治；红蜘蛛可用捕食螨防治，在虫害发生严重时可施用哒·螨灵、阿维菌素、螺螨酯等药剂进行防治；穿孔病、褐腐病、炭疽病在发病初期可使用苯醚甲环唑、丙环唑、井冈霉素等进行防治。于田间种草，保护和利用天敌控制害虫对桃树的危害程度。

（四）套袋后至采果前

套袋后至采果前，主要虫害有红蜘蛛、第二代桑盾蚧、梨小食心虫、毛虫、蚧壳虫，主要病害有桃褐腐病、细菌性穿孔病等。继续使用杀虫灯、黄板、性诱剂防治害虫，用捕食螨防治害螨。在幼虫、幼螨发生的关键时期，可使用中低毒农药和植物源、动物源和矿物源农药灭杀害虫。

（五）采果后至落叶前

采果后至落叶前，主要病虫害有红蜘蛛、潜叶蛾、褐锈病。当红蜘蛛百叶螨量达 200 头、潜叶蛾导致 10％以上枝梢受害时，立即施药防治；褐锈病在发病初期或雨后用三唑酮或丙环唑进行防治。控制害螨数量后，再挂捕食螨，同时利用性诱剂防治潜叶蛾成虫。

第十二章　果实采收、分级、包装与贮运

第一节　果实采收

果实的采收是桃树栽培上的最后一个环节，同时又是商品桃果开始流通最初的一环。采收期与桃果的产量和品质有着密切的关系，而采收方法则直接影响桃果的商品率及商品价值。

一、采收期

桃果采收期的差异，对果实的外观品质、内在品质、耐贮性等，都有不同程度的影响。桃果的风味、品质和色泽主要在树上发育过程中形成，采摘后几乎不会因后熟而发生改变。过早采收，容易造成桃果着色不好、果肉硬、味淡、果皮易于失水导致皱缩，影响品质。而且正值桃果晚期膨大，每日增重量较大，此时采收会给产量造成较大损失。过晚采收，桃果硬度大为下降，表现为不耐贮运、机械损伤重、落果多。因此，根据成熟度及时采收是保证丰产、丰收和桃果品质、风味的最后一个重要环节。

采收的理想桃果要求具有一定硬度，在经过搬运、贮藏、销售等各个环节之后，最后送到消费者手里时能保持该品种的固有品质。因此，采收时间要根据栽培规模大小、品种特性、销售市场的远近、运输工具和条件、贮藏与否等因素来确定。

（一）桃果成熟的依据

1. 果实发育期及历年采收期

每个品种的果实发育期是相对稳定的，但果实成熟期在不同的年份会有变化，这与开花期的早晚和果实发育期间温度的高低等有关。

2. 果皮颜色

以果皮底色（即果面未着红色部分呈现出的颜色）的变化为主，辅以果实色彩。果实成熟时，普通桃着色品种的底色由绿色转变为绿白色或乳白色，黄肉品种的底色由绿色转变为黄色或橙黄色。

3. 果肉颜色

果实成熟时，果肉应达到品种固有的色泽。黄肉桃由青色转变为黄色，白肉桃由青色转变为乳白色或白色，红肉桃由青色转变为红色。

4. 果实风味

果实成熟时，果实内淀粉转化为糖，含酸量下降，单宁含量减少，果汁增多，果实有香味，表现出品种固有的风味特性。果实风味可分为酸、酸甜、淡甜、甜和浓甜。

5. 果实硬度

果实成熟时，细胞壁的原果胶逐渐水解，细胞壁变薄，不溶质品种桃果肉开始有弹性，可通过测量硬度判断果实的成熟度。

（二）桃果成熟度的等级划分

桃果的采收期取决于我们所需要的成熟度。确定桃果成熟度有多种方法，例如果皮颜色、桃果硬度、桃果的生长期等。目前生产上主要依据桃果底色与硬度并参照其他项目，将桃的成熟度分成下述等级。

1. 七成熟

绿色大部分褪去，白肉品种底色呈浅绿色，黄肉品种呈黄绿色。果面已平展，局部稍有坑洼，毛茸稍密，彩色品种开始着色，果实硬。

2. 八成熟

绿色基本褪去，白肉品种底色呈绿白色（俗称发白），黄肉品种呈绿黄色。果面丰满，无坑洼，毛茸稍稀，果实仍硬，稍有弹性。

3. 九成熟

绿色全褪去，不同品种呈现该品种固有的底色，如白色、乳白色、橙黄色。果面光洁，毛茸稀少，果肉有弹性，芳香，有色品种大部着色。已表现品种风味特性。

4. 十成熟

果实毛茸易脱落，芳香味浓郁。溶质品种桃柔软多汁，皮易剥离。软溶质桃稍压即流汁破裂,硬溶质稍少破裂,但亦易压伤。硬肉桃开始变绵。不溶质品种桃弹性较大。

（三）适宜采收期的确定依据

1. 品种特性

桃果采摘时应根据品种肉质特性灵活进行。对于硬溶质桃、不溶质桃可适当晚采;而溶质桃,尤其是软溶质桃必须适当早采,以免造成运输中的损失。对于易变软、离核的软溶质桃等品种,即使就地鲜销,也应在八成熟时采收。

2. 市场远近

一般就地鲜销的品种宜于九成熟时采收,近距离运输的可在八成熟时采收,远距离运输及外销桃果可在七八成熟时采收。

3. 用途

加工用桃应在八九成熟时采收,加工的成品风味好。但若为溶质品种,为减少加工程序中劈桃及其他处理的损耗,宜在七八成熟时采收。

4. 贮藏

桃的采收成熟度对耐贮性影响很大,用作贮藏的桃应果实充分肥大,呈现固有色泽,略具香气,肉质紧密,宜在八成熟时采收。

二、采收方法

（一）采前准备

采收是季节性很强的工作,只有及时完成才能避免不应有的损失。因此,在考虑技术条件和措施时,要十分重视采前人力组织、工具准备和运输安排,制订出准确而合理的采收计划。

（二）采摘方法

1. 采收方法

桃果成熟后果肉特别柔软,用手采摘容易造成指痕。采前应先修短指甲或戴手套。用手掌小心托住果实轻轻扭转或向果顶方向拉,防止果子落地和刺伤。采后应轻拿轻放,防止碰伤、捏伤、刺伤和摔伤。采果和盛果容器内衬柔软垫,以免压伤、擦伤果实。采果应从树冠由下而上、由外及里逐枝进行,既可防止漏采，也可减少人为的机械损伤。套单层袋的桃果要连袋一起采收，套双层袋的桃果应连内袋一起采摘。

2. 分批采收

采收时要分品种，根据成熟度的要求进行采摘。同一株桃树上的果实，由于花期参差不齐或者生长部位不同，不可能同时成熟，因此最好分2～3批次进行采摘。分期、分批采收既可提高产品质量，也可增加产量。

3. 注意事项

采收时要注意气候条件，阴雨、露水未干和浓雾天不要采收，大风大雨后应隔两天左右再采收。采收最好在晨露已经消失，天气晴朗的午前和下午5点钟以后进行，没有预冷设备的桃园，不宜在高温时采收。

采下的桃果应及时运到阴凉通风的室内或在树荫下暂时存放，避免日光暴晒。否则不但使桃果水分蒸发而失鲜减重，而且使桃果后熟进程加快，易于软化，有病伤的更易加速腐烂，造成更大损失。装满的果筐要及时运至果棚进行分级包装。在果实的采收、分级、包装和贮藏过程中，要避免与不允许使用的物品接触。

第二节　果实分级

由于果实在树上所处位置和留果密度的不同，均可导致果实出现大小不一和品质差异，采收的果实在包装前需依据果实等级标准进行分级，以使商品桃果规格一致，便于包装、运输、销售。果实分级按照果实大小和品质不同，将果实分成不同的级别，贯彻优级优价的价格策略，按级别高低定价出售。

分级时，工作人员在拿起每一个桃果前应先检查它暴露在表面的一面，然后用手轻轻捡起翻过来检查另一面，这样可以减少桃果的翻动次数。切忌把桃果拿在手里来回翻滚。检查中先剔去等外果（病虫果、压伤、刺伤、畸形及未熟的小青果），发现成熟度过高的应单独存放，另作处理。成都优质桃的分级标准如下：

早熟品种单果重为150～200 g，中熟品种单果重为200～250 g，晚熟品种单果重为250～400 g；50％以上的果面着色；八成熟；早熟品种可溶性固性物含量在10％以上，中晚熟品种可溶性固性物含量在12％以上，早中晚熟品种都以可溶性固性物含量在13％以上为最佳。

第三节　果品包装

果品包装是果品商品化的重要措施。果品包装容器：一要美观；二要坚固、结实，对果品有很好的保护作用，避免受到二次伤害；三要安全、卫生，无异味。要根据不同客户目标设计不同的包装，高档精品果对果品包装有更高的要求。

一、桃果包装的作用

为了防止在运输、贮藏和销售过程中果实因互相摩擦、挤压、碰撞而造成损伤和腐烂，减少水分蒸发和病害蔓延，保持果实新鲜，采收、分级后必须妥善包装。但包装本身不能改进果实品质，只有优良的桃果才建议使用精细包装。包装不能代替冷藏，好的包装只有在好的冷链条件下才能保证最好的效果。

二、桃果包装的类型

（一）运输贮藏包装和销售包装

随着城市居民消费水平的提高，桃果的包装水平也在不断改进和提升，已成为采后营销的重要环节。按照果实采收后所处的不同阶段，可将包装分为运输贮藏包装和销售包装两种类型。

1. 运输贮藏包装

运输贮藏包装可采用10~15 kg的果箱、果筐或临时周转箱等。木箱或纸箱上需打孔，以利于通风。为了减少贮运中的碰撞，避免机械损伤和病果互相感染，减轻果实失水，保持较稳定的温度，可在容器底部和果实空隙处填碎纸条等内垫物。

2. 销售包装

销售包装直接面向消费者，根据市场需求可分为大包装与精细包装两种。大包装与运输贮藏包装相似。精细包装每箱重量一般为2.5~5.0 kg，甚至两个或单个果实也可进行精细包装。果实装入容器中要安放紧密，妥善排列。同时在包装箱上要注明品种、等级、重量、规格、数量等产品特性，并贴上产地标签。

高档精品桃果的包装向小型化、精品化（印字、印图及特殊造型果品）、透明化（采用部分透明材料，可视）、组合化（如精美果篮）、多样化（如托盘、塑料箱等）方向发展。对于要求特别高的果实，可用扁纸盒包装，每盒仅装1层果实，盒底用泡沫塑料压制成的凹窝衬垫，每个凹窝内放1个果实，每个果实套上塑料网套，以防挤压；每盒可装果6~12个。

（二）内包装和外包装

包装容器必须坚固耐用、清洁卫生、干燥、无异味，内外均无刺伤果实的尖凸物，对产品具有良好的保护作用。包装内不得混有杂物，影响果实外观和品质。包装材料及标记应无毒性。

1. 内包装

内包装通常为衬垫、铺垫、浅盘、泡沫网套、包装纸及塑料盒等。做单果包装时，选用泡沫网套包装；果子间用碎纸花间隔，可减少运输中的颠簸，保护果实。

2. 外包装

外包装以纸箱较合适，箱子要低，一般每箱装2~3层。包装容器的规格通常为2.5~10.0 kg，以隔板定位，以免果实相互摩擦挤压。箱边有通气孔，以确保通风透气。装箱后用胶带封好。

第四节　果实的运输

桃果运输方法是否得当，与桃果商品价值有直接关系。优质桃果如果由于运输造成大量机械损伤和腐烂，会降为等外果而降低商品价值甚至失去商品价值，因此运输时必须加倍小心。中晚熟品种的桃果均可进行长途运输，最好使用温度自控的冷藏车（箱）运输。尽管运输时间较贮藏时间要短，但也应维持较低的运输温度，运输适宜的温度是1℃~2℃，最好不要超过12℃~13℃。运输前一定要先预冷再装车。

桃果采摘下树后，分为由桃园到包装场所、贮藏场所、收购部门及销售点的短途运输和出口或外调的长途运输，其基本要求有以下几个：

（1）装箱（筐）不宜过满和过浅，要有保护包装。

（2）装卸要尽可能小心，做到轻拿轻放，轻装轻卸。

（3）及时快运，尽可能缩短在运输途中停留的时间。

（4）陆地车辆运输途中须防止剧烈震动和颠簸，防止损伤桃果。

（5）避免运输途中桃果受到日晒雨淋。

（6）长途运输还须加强途中管理，防止桃果呼吸热的积聚以及桃果大量失水。

第五节　果实的贮藏

桃果外观鲜艳，肉质细腻，营养丰富，深受消费者青睐。但是桃果柔软多汁，贮运中容易受机械损伤，低温贮藏时容易产生褐变，高温下又容易腐烂。因此，桃果不宜进行长期贮藏。

一、桃果适宜贮藏的条件

（一）选择耐贮藏的品种

大多数桃果品种不耐贮藏，如白凤、早凤王、霞晖6号、湖景蜜露等。有些品种则耐贮性好，如霞脆。一般硬溶质桃耐贮性较好，软溶质桃耐贮性差。

（二）掌握适宜的成熟度

桃的成熟度不仅决定了其商品价值，还影响其贮藏性状。成熟度过低，品质差，易失水失鲜；成熟度过高，抗机械伤、抗病能力减弱，加之自身衰老等因素，耐贮性差。用于贮藏和外运的桃果以选用八成熟为宜，成熟度过低或过高的几乎都没有贮藏价值。

（三）宜选用健全优质的桃果贮藏

健全优质的桃果不仅有较高的商品价值，而且耐贮性也强。在入贮的桃果中，不能混带有病虫果和机械伤果，否则会引起严重的桃果腐烂，造成大量损耗。机械伤的伤口是病原微生物入侵桃果的方便之门，是引起霉烂最主要的原因。同时机械伤果还会释放乙烯导致其他桃果后熟加速，缩短贮藏寿命。因此，必须严格把关，防止病虫果、伤果混入贮藏果中。

（四）选用并协调好最佳贮藏条件

温度、湿度是影响桃果贮藏保鲜的主要因素。收获后的桃果，温度越高，呼吸发热量越大。因此在高温条件下，桃果放置时间越长，软化（硬度降低）就越快，鲜度降低也就越快。同时，高温利于腐败菌的生长繁殖，故高温下桃果发生腐烂的速度快，发病也严重。

所以，为了桃果保鲜，首先要解决温度问题，尽可能地把果温和库温快速降低到或接近于较为适宜的低温范围，再将相对湿度调整到85%～90%之间，以维持生命活动的最低要求，控制桃果的呼吸强度和代谢水平，延缓后熟过程的进行。

二、桃果贮藏的前处理

鲜食桃果贮藏前的预处理是与鲜食桃果采收相衔接的操作步骤，鲜食桃果的预处理包括预冷处理、保鲜剂及杀菌剂的使用等。这些操作的开展，有助于对鲜食桃果贮藏过程中病虫害发生率的控制，有助于控制桃果在贮藏过程中的腐烂率。

桃果采收后应及时预冷，因为桃果采收时气温较高，果实带有很高的田间热，加上刚采收的果实呼吸旺盛，释放的呼吸热多，如不及时预冷会很快软化衰老、腐烂变质。因此，桃果采收后要尽快装入预冷库预冷。

桃果在贮运过程中很容易受机械损伤，特别是成熟后的果实柔软多汁，不耐压。因此，包装容器不能过大，一般以装2.5～5 kg果实为宜。将选好的无病虫害、无机械伤、成熟度一致、大小均匀的桃果套上泡沫袋，再放入瓦楞纸箱中，箱内加纸隔板或塑料托盘。若用木箱或竹筐包装，箱内要衬包装纸，每个果要用软纸单个包装，避免果实摩擦挤伤。

三、常见的贮藏法

（一）普通贮藏法

普通贮藏法是一种在常温下的短期贮藏方法，即把包装好的桃果堆放在阴凉、通风良好的场所下贮藏。贮藏时要做到骑缝堆码，利于通风。由于不能控制温度，贮藏容器内的桃果很易失鲜腐烂，需要较长时间贮藏和外运的桃果不宜采用此法。实际上，普通贮藏法只是一种桃果待销或中转的临时性措施。

（二）低温贮藏

桃在低温贮藏中易遭受冷害，在$-1℃$下就有受冻伤的危险。在过低的温度下贮藏，还会使桃果受冷害，果肉发生褐变，特别是将桃果移到高温环境后，果肉会变干、发绵、变软，果核周围的果肉发生明显褐变。冷害发生严重时，桃的果皮色泽暗淡无光。桃果在低温下长期贮藏，风味会逐渐变淡。因此，桃果的贮藏适温为$0℃～1℃$，适宜的相对湿度为$80\%～95\%$。在适宜的贮藏条件下，桃果可贮藏$3～4$周或更长时间。

（三）气调贮藏

桃果在$0℃$和$2\%O_2+5\%CO_2$的条件下，可贮藏$6～8$周或更长的时间，并能减轻低温伤害。如果在气调帐或气调袋中，加入浸过饱和高锰酸钾溶液的砖块或砩石，吸收乙烯的效果更佳。

附录一　成都市桃园周年农事管理要点

月份	技 术 内 容
11月—次年2月	①采用长枝修剪（旺头、打苞、抽稀、留细）技术提高优质大果率；②改造老树，去掉多余主枝（一般只留1～3个主枝），培养健壮树体；③桃树重茬应刨根压肥移窝，并提倡先栽毛秧或抗性砧木（GF677）后嫁接；④整理果园厢沟；⑤开展新品种的春季高接换种（2月）；⑥冬季清园，喷5波美度石硫合剂，并用石灰刷白树干；⑦收集所有破损的农用薄膜（包括地膜、地布、棚膜、反光膜等）、果袋等。
3月	①花蕾露红期（或萌芽7～8 mm长时），严防桃缩叶病；②人工授粉，保花保果，盛花期遇雨可采取避雨措施；③用黄板防治蚜虫；④调控花前萌芽肥水，弱树才补肥。
4月	①标准化疏果：大小果分离期（幼果大约拇指大小），在枝条中上部位间隔20 cm枝长留1个果；旺枝（抽发嫩梢超过4～5枝）多留1果，弱枝（仅抽发1～2枝嫩梢）少留1果。②套袋前混喷两次杀虫杀菌剂。③提倡用杀虫灯、性诱剂等诱杀桃蛀螟、潜叶蛾、梨小食心虫等。④看树施肥：长枝修剪树谢花后半月的幼果脱箍期（花萼脱落期），结果枝每枝抽发4～5枝嫩梢的可暂不施肥，仅抽发1～2枝嫩梢的可适当补充氮肥；5月成熟的品种应在4月施入以磷钾为主的果实膨大肥。⑤高换的新品种发枝达20 cm时及时摘心防止风害并促发大量分枝。⑥对容易落果的品种，应在嫩梢生长达到10 cm时，通过拉枝、疏枝、摘心等措施控梢，缓和树势，确保丰产。
5月	①套袋：早熟桃可选透光袋在5月上旬套袋；中晚熟桃应选双层专用纸质袋在5月中下旬套袋，旺树应适当推迟套袋以免"空袋"。②中晚熟桃套袋后及时施入壮果肥（以钾肥及适量钙肥为主）。③早熟桃的枝条生长至20 cm时，可疏掉密生枝、徒长枝，主枝头较旺时可进行拉枝、地面盖膜避雨降湿等。④性诱剂诱捕器内的粘板粘满虫时应及时更换（一般每月一次），必要时及时使用药剂防治病虫害。⑤适时采收早熟品种（一般以八成熟为主）。
6月	①早熟桃的采后修剪以回缩及疏剪透光为主（疏去徒长枝及密生枝），中晚熟桃的夏季修剪以疏剪透光为主；②中晚熟桃在6月上旬施入果实膨大肥（钾肥及适量钙肥为主）；③中晚熟桃的枝条生长至25～30 cm时控制缓慢生长以利于果实膨大；④防治红黄蜘蛛等（采用捕食螨、化学药剂等防治）。

月 份	技 术 内 容
7 月	①中熟桃的采收；②晚熟桃采前 1 个月左右，补施一次果实膨大肥（钾肥及适量钙肥），以进一步提高果实糖度和增大果个；③继续夏季修剪；④继续防治潜叶蛾、红黄蜘蛛等；⑤加强开沟排水，控制地面湿度，提高果实糖度。
8 月	①晚熟桃的采前促色增糖，拆掉双层果实袋的遮光外袋、夏剪开光、及时停梢、地面避雨、铺反光膜、叶面喷钙钾肥等；②继续病虫防治，保护叶片；③高换的新品种枝条停梢期并喷施磷、钾肥，促进花芽分化。
9—10 月	①继续保叶，病虫防治；②行间播种三叶草、苕子等果园绿肥植物；③秋季高接换种新品种；④秋施有机肥，实现养根、护根和壮根。

附录二　成都市桃树病虫防治年历

物候期	防治对象	防治技术措施及注意事项
休眠期 （11月— 次年2月下旬）	越冬病虫源	结合冬剪，清除园内病虫枝梢、僵果和落叶等，将其深埋或做无害处理；刮除枝干粗皮，主干涂白，萌芽前喷施石硫合剂或高浓缩强力清园剂（机油石硫微乳剂）、甲基托布津涂抹刮治流胶病
花芽萌动至花后期 （3月上旬— 3月中旬）	桃缩叶病	使用代森锰锌、苯醚甲环唑、克菌丹＋福·福锌、5度石硫合剂中的任意一种；如果已开始展叶则不能使用石硫合剂
	桃褐腐病	使用咪鲜胺乳油、代森锰锌、腈苯唑、苯醚甲环唑、甲基硫菌灵
幼果期 （3月下旬— 4月下旬）	蚜虫	在田间挂黄板（每亩15~20张）诱杀有翅蚜，或使用苦参碱、吡虫啉、噻虫·吡蚜酮
	梨小食心虫	在田间挂梨小食心虫性诱捕器诱杀成虫或使用梨小性迷向素干扰其正常交配，也可使用氯氟氰菊酯、苦参碱、苏云金杆菌、印楝素、氯虫苯甲酰胺
	桃褐腐病 炭疽病	使用咪鲜胺乳油、代森锰锌、腈苯唑、苯醚甲环唑·甲基硫菌灵
	蚧壳虫	使用阿维·螺虫、噻虫嗪、机油石硫微乳剂、氯氟氰菊酯等
果实膨大期 （5月上旬— 6月上旬）	蚜虫	在田间挂黄板（每亩15~20张）诱杀有翅蚜，或使用苦参碱、吡虫啉、噻虫·吡蚜酮
	红蜘蛛 等螨类	使用阿维菌素、螺螨酯

物候期	防治对象	防治技术措施及注意事项
果实膨大期 （5月上旬— 6月上旬）	梨小食心虫	在田间挂梨小食心虫性诱捕器诱杀成虫或使用梨小性迷向素干扰其正常交配，也可使用氯氟氰菊酯、苦参碱、苏云金杆菌、印楝素、氯虫苯甲酰胺
	桃褐腐病	使用咪鲜胺乳油、代森锰锌、腈苯唑、苯醚甲环唑、甲基硫菌灵
	桃流胶病	涂抹代森锰锌悬浮剂、果腐康原液、甲基硫菌灵
	煤污病	使用百菌清、吡唑·代森联、精甲霜灵·代森锰锌
	桃穿孔病	使用辛菌胺醋酸盐、百菌清、吡唑·代森联、苯醚甲环唑＋春雷霉素（或农用硫酸链霉素）
成熟期 （6月中旬—采收）	蚧壳虫	使用阿维·螺虫、噻虫嗪、机油石硫微乳剂或氯氟氰菊酯等
	梨小食心虫	在田间挂梨小食心虫性诱捕器诱杀成虫或使用梨小性迷向素干扰其正常交配，也可使用氯氟氰菊酯、苦参碱、苏云金杆菌、印楝素或氯虫苯甲酰胺
采后期 （8月中旬—落叶）	红蜘蛛	使用阿维菌素或螺螨酯
	桃褐锈病	使用百菌清、吡唑·代森联、吡唑醚菌酯、苯醚甲环唑·丙环唑
整个生长季节	促花、坐果、保果、增色、促长	使用海藻酸、氨基酸、芸苔素内酯、多效唑或植物诱抗剂等促进植株生长和增强植株抗性

参考文献

姚光贵. 成都市种植业生产技术规范 ［M］. 成都：四川科学技术出版社，2017.

汪景彦，崔金涛. 图说桃高效栽培关键技术 ［M］. 北京：机械工业出版社，2016.

龚文杰，蒋华. 西南地区桃绿色高效栽培技术 ［M］. 北京：中国农业出版社，2018.

胡征令，施泽彬. 桃优质高效栽培技术 ［M］. 北京：中国农业出版社，2019.

马之胜，王越辉. 桃高效栽培关键技术 ［M］. 北京：机械工业出版社，2019.

江国良，陈栋，余国清，等. 成都市龙泉驿区以桃花为媒助推地方经济发展的实践与探索 ［J］. 四川农业科技，2019（8）：51－52.

江国良，陈栋，孙淑霞，等. 四川龙泉山脉发展早熟优质桃的生态学基础 ［J］. 四川农业科技，2019（6）：11－12.

曾亮华，应菊茗，陈勇，等. 南方晚熟桃新品种——简阳晚白桃 ［J］. 中国南方果树，2009，38（6）：28－29.

江国良，余国清，陈栋，等. 龙泉山脉低产低效桃园升级改造技术 ［J］. 四川农业科技，2019（5）：13－14.

宋海岩，陈栋，李靖，等. 碱性土上 GF677 与毛桃叶片叶绿素合成及叶绿体结构差异性研究 ［J］. 西南农业学报，2018，31（12）：2630－2637.

陈栋，涂美艳，李靖，等. "聚土起垄＋宽行窄株"对桃生长发育及产量品质的影响 ［J］. 西南农业学报，2020，33（1）：40－45.

李靖，陈栋，孙淑霞，等. 外源钙对桃果实品质相关指标及裂核的影响 ［J］. 西南农业学报，2014，27（2）：896－898.

李绍华，张学兵. 桃树长枝修剪技术研究 ［J］. 中国果树，1994（4）：19－22.

余国清. 京艳水蜜桃长枝修剪试验初探 ［J］. 南方农业，2008，2（6）：23－24.

江国良，谢红江，陈栋. 桃树长枝修剪技术 ［J］. 西南园艺，2006，34（3）：54－55.

王强，陈春霞，杨佳文，等. 桃树"立柱形"密植丰产栽培技术 ［J］. 四川农业科技，2019（4）：13－15.

李靖，陈栋，谢红江，等. 龙泉山脉桃主要害虫发生现状及综合防治技术 ［J］. 北方园艺，2012（10）：155－157.

李靖，陈栋，涂美艳，等. 龙泉山脉桃主要病害发生现状及综合防治技术 ［J］. 北方园艺，2012（1）：140－141.

陈栋，涂美艳，李靖，等. 不同黄化程度桃叶片生理指标及矿质养分含量差异研究 ［J］. 西南农业学报，2014，27（4）：1522－1526.